ANIMALI MAGICI

SIMBOLI, TRADIZIONI E INTERPRETAZIONI

神奇动物

［意］罗伯特·马尔凯思尼　［意］萨布丽娜·托努迪◎著　　牧骑◎译

湖南文艺出版社
HUNAN LITERATURE AND ART PUBLISHING HOUSE

博集天卷
CS-BOOKY

ANIMALI MAGICI. Simboli, tradizioni e interpretazioni
by Roberto Marchesini and Sabrina Tonutti
Copyright © 2019 by Giunti Editore S.p.A., Firenze–
Milano
www.giunti.it

The simplified Chinese edition is published by arrangement with Niu Niu
Culture Limited.

著作权合同登记号：图字 18-2022-097

图书在版编目（CIP）数据

神奇动物 /（意）罗伯特·马尔凯思尼，（意）萨布丽娜·托努迪著；牧骑译 . -- 长沙：湖南文艺出版社，2022.11

ISBN 978-7-5726-0770-7

Ⅰ . ①神… Ⅱ . ①罗… ②萨… ③牧… Ⅲ . ①动物—关系—文化—通俗读物 Ⅳ . ① Q95-05

中国版本图书馆 CIP 数据核字（2022）第 122508 号

上架建议：畅销·文化

SHENQI DONGWU
神奇动物

著　　　者：［意］罗伯特·马尔凯思尼，［意］萨布丽娜·托努迪
译　　　者：牧　骑
出 版 人：陈新文
责任编辑：匡杨乐
监　　制：于向勇
策划编辑：周海璐　刘　毅
文案编辑：刘　盼　柳泓宇
营销编辑：黄璐璐　时宇飞
版权支持：张雪珂
装帧设计：利　锐
出　　版：湖南文艺出版社
　　　　　（长沙市雨花区东二环一段 508 号 邮编：410014）
网　　址：www.hnwy.net
印　　刷：北京尚唐印刷包装有限公司
经　　销：新华书店
开　　本：680 mm×955 mm　1/16
字　　数：213 千字
印　　张：17.25
版　　次：2022 年 11 月第 1 版
印　　次：2022 年 11 月第 1 次印刷
书　　号：ISBN 978-7-5726-0770-7
定　　价：68.00 元

若有质量问题，请致电质量监督电话：010-59096394
团购电话：010-59320018

CONTENTS 目录 ▬▬

动物的神奇之处

超自然的动物

　　您将要阅读的是一本充满思想及见地之作。这本书在许多方面彻底改变了我们的思维方式以及想象力，并在更广泛的意义上将人与动物相连。这本书为人类提供了对动物的全新解读，不再仅仅根据文化习得的过程来解释人与动物的关系，而是视动物为人类拥有的一种天生的内在需求。换句话说，本书无意回答以下问题："如何在不同的传统文化，或者说人类的全部历史中，构思和发明动物？与动物相关的解释和功能，在不同文化中有何变化？"相反，本书试图提出另一种问题："由于人与动物的相遇，我们人类自身发生了怎样的变化，又会如何继续变化？为什么人类学、艺术史，甚至精神分析学或认知心理学这些大相径庭的学科也为我们揭示了人类总是在研究动物？"简而言之，在解答"动物是谁（而非是什么）"这一问题的同时，本书还试图解答"我们是谁"。

　　科学研究和人文学术正在形成一种新的人类视野，旨在击败那些试图发明无数人类中心主义概念的狂妄之徒。他们建起壁垒、路障等防御工事，来捍卫不适宜的主张。这种认为人类是世界中心的哲学只会为世界带来痛苦、不公和暴虐。

　　新的科学和人文视野用杂糅（文化的、种族的、物种的）的视角打破壁垒，以混合取代隔阂，因此超越了对未知的恐惧，并且展开了对知识的探索和冒险。世界不再是由孤岛组成的，而是由多样性相遇、相交组成的共享大陆构成的，这也让世界成了物种相互探索的特权之地。动物是这一行动的特殊伙伴。如果没有动物，我们作为人类的历史将完全被重写（这是本书作者的观点）。起初被认为是一种物体或事物的动物，逐渐成为我们的对谈者，成为我们探索自身的他者。通过不断探索人类与动物的关系，我们得以发现自己的身份认同。身份认同并非一成不变的、形而上的，而是混杂的，在某种意义上是可变的，它具有创造力，沉浸在自然界的魔幻历史中。本书以动物人类学（研究人与动物之间关系的一门学科）的新视角，重新诠释了人与动物之间的关系，并重新阐明了传统社会和现代社会发展出的复杂的"动物文化"。这种发现并不是基于人类对自我发现的需要，而是基于人类对他者发现的需要。阅读本书你会发现，人类与动物的相遇产生了不可估量的创造性遗产；若动物灭绝，大自然消失，那么世界将是一片荒漠，而用双腿直立行走的人类则注定会走向灭绝。

西莫内·贝代蒂[1]

---

1. 西莫内·贝代蒂：哲学家，记者。在二十余年的写作和出版生涯中，他出版了大量基于人类学、东方学的作品。他也是意大利最大的数字出版商 Area 51 Publishing 的创始人。——译者注

近几十年来，我们对人类与动物的关系进行了许多反思。这种趋势，一方面是为了提高我们对动物心理和行为特征的认识，另一方面是为了更好地认识动物在建立人类文化遗产方面所起的作用。克劳德·列维－斯特劳斯说，人类历史上的动物不仅是"美味的"，更重要的是，它们是"值得思考的"，这一观点可以作为回顾我们与其他物种关系的起点。从本质上讲，我们可以重新审视将人类与动物联系在一起的关系、参照标准和情感网络，并在一些最真实的人类表达方式的发展过程中，意识到动物根本不是处于边缘位置的角色。由此，"动物伴侣"的概念得以出现。"伴侣"这一概念催生了新的认知、艺术和价值体验等。既然人类与动物的关系如此奇妙，那我们为什么不研究人与动物间的关系呢？

通过分析西方人与家庭动物之间的特权（通常是不真实的）关系〔这种关系不仅限于英文 to pet（爱抚、宠爱），或意大利文 accarezzare 或 coccolare（疼爱）所指的关系〕，我们可以相信，人类的动物"朋友"是科技文明之下的发明，而且科技文明需要科技宇宙的万物中存在"动物崇拜"。一些作者强调了宠物在西方不同类型家庭中的重要作用。首先是少子家庭，其次是由一对夫妇构成的简单家庭，最后是被单身生活支配的家庭。在第一种情况下，动物只不过是点缀物，是能够唤起自然对人类长久统治的载体。在第二种情况下，动物是替代品，能满足社会不能满足某些家庭的那部分，或通过替代找到更简单的方式让家庭满足。很明显，养动物比拥有孩子或伴侣需要更少的牺牲、更少的责任和更少的约束，对人身自由的限制更少。

虽然在某些情况下我们可以观察到家养宠物的"工具性"，但这并不是本书的目的。值得注意的是，家庭成员多而复杂、成员间联系紧密的家庭往往拥有更多的宠物。例如，小孩的存在几乎总是家庭对宠物产生需求的重要指标之一。同时，我们可以看到，虽然从经营或生产的角度来看，家庭宠物在大多数时候是完全没有用处的，但是所有传统文化中几乎都对家庭宠物有所记录。因此，我们必须考虑到，与宠物形成关系不是当代社会的个案，而是我们人类这一物种与生俱来的"存在主义遗产"。

我们可以理直气壮地说，一种动物性的魅力塑造了人类的艺术表现和审美，并使人类的艺术保留了其他非人类物种的美德，如圣方济各所言，使用多样化的表达方式可能会成为一种获得神性知识的途径。

画家古斯塔夫·莫罗的作品《俄狄浦斯与斯芬克斯》。在很多基于真实或虚拟的动物神话中，画中的斯芬克斯都是珍宝的守护者或获取知识的途径中的守护者

这本书的目的是调查一系列的关系。这些关系使得动物成为与神秘和神圣领域相关的符号及仪式的重要参照，我们一方面探索动物在各种神秘实践的过程中所扮演的媒介角色，另一方面评鉴这些过程在不同文化传统中的各种表达方式。

5

在复杂的情境中，动物是"神奇的"，例如人们认为动物在感知未来活动、与神相遇、特定事件的发生、用深奥的语言来定义符号和隐喻等方面都有重要作用。动物及其神奇的"投射"功能和神性的显现被用作某些事件的催化剂，或净化过程的替罪羊。本书的目的是通过分析传统记载、神话来源、民间传说、解释人类学研究，以及不同民族和文化中存在过的、正在使用的用于表达神性的动物，来概述神奇动物在西方文化中的意义。因此，我们也将为所谓"神奇动物"留白，来容纳人类想象力的产物。我们经常在神话和目的各不相同的传说中看到这些"神奇动物"，它们在一定程度上都可以追溯到迷人的宇宙和神奇的魔法世界。对"神奇动物"的构建是所有文化的另一个共同特征，这种构建反过来又有助于一个社会群体结构和身份认同的形成。这就是为什么我们对宠物的渴望程度可以被视作"温度计"，来检测每个人对自身的身份认同，还可以了解我们生活方式中的神奇之处。

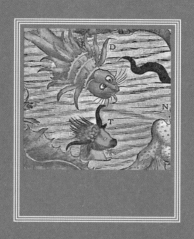

ANIMALI
MAGICI

神 奇 动 物

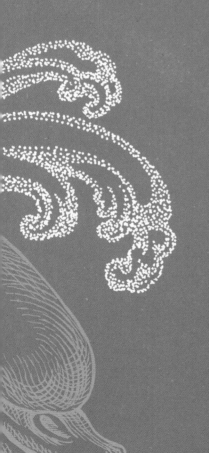

I CONTENUTI MAGICI DELL'ANIMALE

动物的
神奇之处

人与动物的关系

沉迷于动物之美

如何解释鸟类的飞行或猫的优雅步态所散发的如施了咒语般令人不可抗拒的魅力？动物的存在激起了人类心中"认同"与"距离"之间的对话，这无疑是生命所拥有的最真实、最神奇的认知经验。

动物是一面镜子，它直截了当，同时又遥不可及。这面镜子里充斥着相似性，但又极其黑暗，任由想象在其中翱翔。

动物是这个宇宙中久居的居民。无论是在高空、深海，还是广袤的内陆，从某种意义上说，动物的存在向我们展示了其非人类美德的包容力是何等神奇且难以捕捉。当动物突然进入我们的空间时，它们仿佛可以将自身经验与人类经验联系在一起，为我们提供认识并讲述多样性的必不可少的工具。感官是动物性的，这在各种解剖学已探明的生存策略中被确证：感官的沟通性、隐蔽性

人与动物之间的关系总是充满了非常模糊的特征。取自
神话的画作《勒达与天鹅》就表现了这样的特征。作者：
保罗·维罗内塞

和分化等特征在动物进化的时间长河中获得实存。

　　有谁不会被猫、鹰或蛇那捉摸不透而又迷离的魅眼吸引呢？动物的魔力也附加在它们的声音中：鹿鸣、虫叫、鸟吟、犬吠、猪叫、猫叫、蛙鸣……这一串长长的信号和语言清单，让我们意识到人类无法与世界进行全知且全面的对话。我们不知何故而感到困惑，同时又被迫进入知识之旅。即使是昆虫的微观

瑞典地理学家奥劳斯·马格努斯于 1539 年在威尼斯出版的地图《北方陆地与海洋地图》(拉丁文名: *Carta marina et Descriptio septemtrionalium terrarum*) 中虚构的海怪

世界，它们微小的存在也会激发我们的想象力；这种想象力将昆虫推向一个拥有不同法则的世界，而这些法则是可以为人类指点迷津的指南针。

我们很难找到动物魔幻世界的边界：这感觉就像经历一次沉船，人类能感知到的世界完全混沌未知，人们在其中交流困难且行为复杂。

在这里，人、神和动物趋向于融合成幻象般的杂糅体，充满了影射和对立。这种不寻常的动物生态具有魔幻色彩。在由神话和传说构成的魔幻世界中，有我们从未见过的动物或怪兽的幻影，它们具有未知或奇特的形态。这些具有神奇色彩的动物形象有些来源于有着特定迁徙路线的鸟类或大型鱼类，也有些来源于鲸鱼搁浅的现象，还有些出自探险家描述的外国的异域动物。正是由于这种偶然性，动物被认为是某种待解释的标志，甚至是描述超越地表世界的象形文字。然而，对非人类异物的未知，以及其不可知性，是形态学、生理学和动物行为学发展的巨大推动力，使我们进入了与神话和魔法有关的范畴，因此需要特殊的仪式和我们对待宗教的虔诚态度来对这一主题进行探索。这种对动物几乎是崇敬的态度产生于纯粹的钦佩，并且经常产生于人们意识到知识存在一个真空地带或空白的时候。这种空白要通过与动物保持距离的特定仪式来填充，从某种意义上说，也是将其重构。动物形态的丰富性表明人类已有的知识对某些巨大的创造物来说是匮乏的，即与神性相比，人类经验的局限性十分明显，人类的解释能力十分匮乏。

动物形态的丰富性表明人类已有的知识对某些
巨大的创造物来说是匮乏的。

人们赋予动物的魔幻力量来自神学词汇的丰富性。动物成为想象的场所，是构成每一个梦幻表征的音节，呼唤人们潜意识深处的欲望浮出水面。我们的噩梦又何尝不是被动物灵魂充斥呢？它们的怒吼和哀号填满了梦境与夜空。在这里，关于动物的魔法进入冥界活动，以与寄生虫相同的效率穿透人的肉体，并构建充满魅力而又黑暗的混沌世界。

因此也就很容易理解，我们将动物的形态及意义，附加在大多数我们恐惧的事物之上的原因。尖牙利爪和让人丧胆的解剖结构，丰富了我们所恐惧的对象的清单。实际上，如果这是一个冷酷而毫无生气的世界，那么这种黑暗将更加可怕。与此矛盾的是，猫头鹰寒凉如水的笑声或狼的凄厉嚎叫声使我们感到害怕确实不假，但那也的确缓解了人们对虚空的恐惧。

阿伯丁动物寓言集中的蛇怪肖像，来自 12 世纪的一份英国手绘稿

动物：从神奇的客体到知识的载体

如果我们不将魔法视作想象力的捷径或为未解之谜提供答案的、充满想象力的策略，而是将其视为一种知识行为或解释性模型，那么我们会立即理解，与超自然相比，对某种动物的使用和更具体的理性经验之间的界限是多么暧昧。无论我们把魔法视作想象力的捷径，还是将其视为一种获得知识的行为或解释性模型，动物都是我们解开世界奥秘的钥匙，或者在某些情况下，它们是打开知识宝箱的钥匙。从这个角度而言，我们似乎跳出了当代人的惯性思维模式（当代人习惯于以自以为是且富有优越感的眼光看待动物），我们尝试将自己置于祖先的脚下。今天，当面对未知而神秘的领域时，我们需要依靠其他研究工具、技术设备、数学公式、哲学理论、抽象逻辑和计算机模拟等，这一切似乎都比

自然可靠。我们为重塑我们的知识传统，重新设计一万年前的知识领域而付出了很多努力。我们也可以尝试理解旧石器时代人类的需求和恐惧。那时，人类的知识工具是什么？人类必须不断地权衡哪些要素才能生存？人类从哪里可以找到先例来应对自然环境带来的挑战？这些问题的答案十分明显：动物是仅有的"参考文献"。

观察其他物种意味着我们要掌握真正的音节来理解世界的字母表。动物迁徙为早期日历的形成提供了一组参考时间，昆虫巢穴的开口方向具有指南针一样的功能和精确度，鸟类的飞行和鸣叫声为人们提供了精确的气象指示，某些物种的觅食行为体现了植物的营养价值和药理价值。一方面，我们可以在这个以动物为参照系的清单中继续探索很长时间，而这些清单一定是史前人类赖以生存的重要标识；另一方面，尽管在传统文化以及日常生活中，这些知识仍然发挥着十分重要的作用，但人类因惯有的偏见轻视了这些知识。候鸟的歌声带回了 5 月夜晚的氛围，蝉鸣使我们沉浸在夏日的宁静中，知更鸟的鸣叫声宣布了冬季的来临：也许这些迹象仅存在于人类的潜意识中，却能唤起我们记忆中失去的情感。

观察其他物种
意味着我们要掌握真正的音节
来理解世界的字母表。

因此，动物是人类知识的第一要素，我们可以说它们构成了原型，即之后用于研究现实工具的辅助模型。并非偶然的是，大多数人类的符号、隐喻和标记都具有动物形态，甚至没有其他人类活动表现出如此丰富的动物性。我们的文化由一连串动物"口译员"来"演替"，努力解决似乎无法解决的问题。为

一枚纪念邮票，纪念小狗莱卡在 1957 年为
探索太空开辟了道路

了解决问题，人们在动物身上找寻答案，而动物则可以提供无数的认知经验：
你可以进入动物的身体，也可以转化为动物形态来验证动物的其他形态（如阿
普列乌斯的小说《金驴记》）、其他感官，以及其他行为方面的潜力，甚至将
未解之谜交付于动物去解答。

　　如今，仿生学已经为模仿动物的生理提供了一种方法。我们在看到飞机的
同时，怎么能看不到人类曾经羡慕并试图模仿鸟类飞行的构想呢？小狗曾为人
类的宇宙冒险铺平道路，也曾在克劳德·伯纳德[1]的手术台上为生物学研究和
医学新领域的开拓做出贡献。所有人类文化和文字中都充满了"动物性"：美
丽被认为与孔雀羽毛或豹子皮毛的颜色相关联，愉悦之感被表达为瞪羚攀爬陡
峭岩壁的欢脱或蝴蝶振动双翼、翩翩起舞的欢快，草丛深处浮现出的蛇的纹路
会让人觉得危险即将来临，从黑暗的深渊中突然冒出来的白鲨也令人恐惧。昆
虫的幼虫在夜间四处乱窜，令恐怖四处弥漫。恐惧像蝙蝠一样夜行，伴随着狼
嚎声或狮子的咆哮声。在这一系列符号集合中，有些事物的存在超出了隐喻的
范畴。因此，如果有人说人类文化中几乎所有的符号都基于对动物世界的参考，

并由饱含新含义或寓言的解剖学或人类学碎片构成，我们也不会感到惊讶。我们可以确切地说，动物世界中的生物多样性已经被人类转译为文化多样性，因此人类对非人类世界的了解应得到加强。

人类：观察动物的顶级专家

为什么动物在人类文化的构成中起着如此重要的作用，更重要的是，这种相互影响的过程是如何展开的？

这不是一个容易回答的问题，因为它试图破译文化发展过程中特别重要的起源问题。根据人类行为学研究，人有一种特殊的认知倾向，即将那些人类无法立刻理解的现象归因于与动物相关的内容。对康拉德·洛伦茨的学徒——人类学家艾雷尼厄斯·艾布乐·艾贝斯费尔特来说，这种对动物形态的偏爱解释了人类为何倾向于在形状多样的云朵、鹅卵石、阴影和山脉轮廓中看到绵羊、天鹅、狗、猫和其他动物。

而其他学者，例如人类学家保罗·谢泼德，已经对人造样本进行了所谓"隐藏主题测试"：在一片满是涂鸦和复杂线条的背景中，暗藏了一只动物的图片或照片，以及一种植物或一个物体的图片或照片。测试结果令人惊讶：有90%的参与者找出了动物，其他主题被找到的情况大大低于50%的阈值。

社会生物学之父、博物学家爱德华·威尔逊研究了儿童对常见的环境参照物的易感性，结果发现儿童对动物具有显著的取向（向性），他称之为"亲生物学"。人类把动物形态赋予未知现实，更容易、更有准备地感知动物主体，并最终对它们保持好奇的这种趋势，可以很好地解释人类对动物世界的热情。

另一种理论认为，人类大脑在发育过程中存在一种模仿的原动力，因此人们自然而然地倾向于表现出体验性的、更具可塑性的行为系统。

正如查尔斯·达尔文所主张的，我们过去常常从生物学的角度使自己沉迷于动物世界，但同时，我们不愿承认非人类物种对人类的其他贡献。的确，总的来说，我们一直被引导认为人类文化是一种远离动物的他性，并且我们十分肯定正是由于文化的存在，人类才与动物有所不同，而文化实际上是人类在动物身上欠下的一笔巨债。通过文化，人类并没有远离动物世界。相反，人类通过将非人类功能（表现、策略、行为）纳入智人物种的能力习得来实现这一目标。由于文化的影响，人类也会受本能的驱使而降低自身的封闭度，继而与其他动物更加紧密地接触。我们如果将神秘性理解为了解、解释和理解现实的多种方式之一，则会更好地认识到"神奇"动物的重要性。

人类与动物的对比

必须说明的一点是，我在前文提到的对动物形象的使用构建了一种通俗易懂的具有以下功能的表达：

◆ 动物可以代表一系列象征，代表非任意的、即刻可以被理解的象征。如象征心理状态（如恐惧、兴奋、骄傲），或象征评价性表达（如钦佩、否定、排斥），甚至象征一些概念（如狡猾、费力、力量）。

◆ 一个值得被记录的，有特质且适合互动的类目。

第二点与下文最后一点密切相关，因为人们不应忘记动物是人类在日常生活中的完美对手，同时也是人类进行自我比较的另一个存在。这一认知的主要目的在于：

◆ 不被猎杀。

◆ 争夺食物资源。

◆ 完成猎杀。

换言之，人类在历史上的大部分时间都在与动物打交道：在动物世界里，
人类发现了挑战、问题、机遇，发现了可能结成的联盟，发明了国际象棋。

由此我们发现，从人类的视角将动物"借来"，将其视作工具，并延伸到
其他内涵多样的物种上是多么简化的想法。根据这种解读，动物不过是塑造人
类文化的说明性材料。这就是经典的诠释，即把动物仅仅看作文化构建过程中
的被动旁观者，一种为赋予各种表现形式而绘制的模型和符号。然而，今天，
另一个模型可以解释那种我们和动物统一的、动态而复杂的关系与参照系统，
即动物人类学。

动物人类学：研究人与动物的关系的一种新方法

20 世纪 80 年代中期以来，文化研究中出现了一个新的研究和诠释学派，
致力于研究人类与其他动物物种的关系。

013

Wanda Wul
Trieste

《我自己 + 猫》旺达·乌尔兹自画像。
用动物来做类比这一行为，是在对立（即承认多样性）
和认同（即寻找类比）之间努力保持微妙的平衡

这门学科被称为动物人类学，它与以往的研究模式（动物民族学、动物历史学、动物行为学）[2]有着显著的不同，它尤其关注人与动物形成伙伴关系这一内容。事实上，动物人类学并没有把人和动物这两个主题分开，而是在两者的相互作用中评估它们，即着眼于分析两者接触时出现的特征。因此，这个领域关注人与动物的关系，并从心理学、教育学、行为学、人类学等角度分析这一关系。它首先从分析人类和动物结成的伙伴关系入手，从那些使这种关系成为对生命的全新解读的特征入手。

为什么我们说在动物人类学中人与动物的关系是全新的？在自然界中，物种之间的联盟不是见怪不怪吗？而且给人类和另一种动物之间的关系定义价值，并给这种关系颁发代表多样性的"认证"，难道不也是以人类为中心的一种表现吗？

当然，这种说法无可厚非。要摆脱人类中心主义，我们还要通过人类的视角来考虑世界上的其他事物，去了解动物世界的多样性，这十分不易。然而，正如我们所看到的，动物行为学的研究显示了人类这一物种观察动物的特殊使命，也就是说，要把它们看成人类知识形成过程中的重要对话者。从另一方面看，这也是动物人类学面临的挑战，即人类似乎表现出一种特殊的倾向，一种扩大我们所能照顾的社群并进行分享的倾向，这种倾向促进了包括其他物种的"大家庭"的形成。

我们知道，家庭成员之间并不是简单的共存关系，而是创造了一个深度互动的领域。我们的行为、风格、偏好的形成，都会受他人的影响，即家庭成员之间会相互影响。而这一切似乎也发生在人和家畜之间。事实上，摆在我们面前的并不是一种常见的生物联盟形式，如共生或互利共生[3]；也不是简单的人类对工具或植物进行的开发和利用。人与动物之间复杂的关系如此深刻地改变了双方，故从文化的角度来看，将其归纳为一种混合过程似乎是合理的。

动物行为学的研究
显示了人类这一物种
观察动物的特殊使命。

从 20 世纪 90 年代起，关于人与动物的关系的讨论集中出现，有时甚至发展为激烈的争论。其中一个主要议题就是驯化：为什么人类将自己与某些物种相联系，或者占有某种动物？这种行为背后的驱动力是什么？

跨物种收养是"野孩子"的故事核心。例如图中描绘的狼孩毛克利的故事，以及罗慕路斯和勒莫斯的神话

研究表明，各种形式的亲动物性与家畜的存在有着深刻的联系，可以说，家畜的存在让我们能持续地深入了解我们所熟悉的非人类世界。然而，我们如何找到这一过程的主要驱动力呢？

秉承动物人类学的观点，让－皮埃尔·迪加尔和詹姆斯·瑟普尔专注于研究人类与其他动物的关系。虽然处理这一问题的方式有所不同，但两位作者都在所谓亲动物性起源中发现了一种人类的新职业：迪加尔认为这个职业基于一种专门化的技能，认为人类对动物的驯化源于一种"热情"，即瑟普尔观点中的"脆弱性"——瑟普尔甚至将宠物与寄生虫进行比较[4]。

无论是出于"热情"还是"脆弱性"，人类都倾向于为其他物种提供父母一般的照料，或者如果人类愿意，就会感知到照料其他动物尤其是哺乳动物的幼崽的需求。换句话说，人类对年幼的存在特别敏感，深陷于幼崽的吸引力（变得充满热情）且因此变得脆弱。人类不仅会以父母的态度对待孩子，在面对有四只爪子的小动物时，也会表现出做父母的样子。跨物种收养[5]虽然也存在于其他动物中（例如众人皆知的"野孩子"的故事或罗慕路斯和勒莫斯的神话），但这一现象在人类中却有着最大化的表达。

沿用古典伦理学的隐喻（古典伦理学在人类行为中看到了欲望的消耗），我们可以发现人类提供父母式照料的意愿是如此强烈，甚至蔓延到其他物种身上。这意味着一只小狗不太可能会在有人照看的情况下死去，并且在人类内心中，这种保护欲被转译为对动物的抚养。

人类提供父母式照料的意愿是如此强烈，
甚至蔓延到其他物种身上。

由于人类充满了抚养后代的爱意，因此特别容易受到幼年形态所施加的诱人力量的影响。但与此同时，这种欲望甚至超越了物种的本能，也为人类福祉带来了不小的利好。众所周知，我们的本能欲望包括对食物的渴望、繁衍后代、移动等，并且一直在寻求可以容纳自身之所。满足一种欲望（即进食、交配或运动）所获得的满足感会通过我们身体产生的特定幸福分子来实现。每一次欲望得到满足，这种行为与由此产生的幸福感之间的心理联系就会得到巩固和加强。

人与动物的美德

如果不了解人类对其他物种的赞美，就不可能理解人类赋予动物的"神奇"特性，这种神奇之感会演化为嫉妒、恐惧、崇敬、竞争、爱与恨。

动物是一个神秘的高峰，充满了机遇和陷阱。攀登这一"高峰"需要通过无限的反思和探秘游戏，最终人类找到自己。

动物的品质改变了人类可能被改变的行为（例如人类会用牛作为动力或使用狗的嗅觉技巧）或人类希望被改变的行为（例如人类希望像鸟一样飞行）。

对人类而言，动物在各个方面都代表着不可替代的经验机会。从感觉和体验的角度来看，其他物种的器官实际上都是人类的舒适的假体，可以使人类超越自身的生理限制。

动物的美德与人类的功能混合（例如将人类的功能放大、替换或修改）改变了人类对"最佳"事物的认识，例如以前我们认为有效的事物会突然显得不完善。

动物的存在允许人类外化一些功能（例如人类驯化了马，那么人类运动的速度不再由人的腿部肌肉决定，而由马的肌肉决定），这转移并细分了进化压力。

通过这种人与动物的关系，新的感知潜力、干预策略、形态、颜色等进入了人类世界。

人与动物之间的联盟，例如骑马这一活动，为诸如"蒸汽马车"
之类的技术发明指出了道路

因此我们必须相信，如果有幼崽存在（用来满足人类做父母的欲望），这种"做父母"的习性会引起为人父母这一欲望分子的释放，从而使我们感觉良好，并增强我们的亲动物性。这将展示出人与动物之间的相互作用所激发出的强大的让人心安的力量，并在所谓宠物疗法（一种依靠宠物的复杂疗法）中得到广泛研究。

然而，更有趣的是将这种假设应用于驯养动物的过程中，一些被驯养的动物如今已成为人类最喜欢的伴侣，例如狗和猫。在这种情况下，人们强烈地希望根据自身需求来塑造动物的解剖学特征，以满足人类"做父母"的需要。在驯化过程中，人们强调了如何改变动物的肌肉、腿部、头骨的形状等幼体特征。我们很容易发现，与相应物种的野生祖先相比，家养品种展现出"更加甜美"的特征。

人类面临的这一驯化进程显然只存在于动物世界的边缘。实际上，通过动物伙伴，人类改变了自己的审美取向。这种态度中的一部分反馈到对繁育动物的选择上，例如某些特定特征被加强；另一部分反馈到人类的性选择之中。因此，驯化过程是生物和文化之间转化的最佳例证：动物已被人类改造，正如人类的行为已被动物深刻地改变。

动物已被人类改造，
正如人类的行为
已被动物深刻地改变。

动物与人类具有很多的相似性，变成了真正的"双胞胎"。因此，动物双重的魅力和奥秘既可以代表我们，又可以揭示我们未知的领域。这样的类比游戏将我们引向人类与其他物种混合的道路，例如神秘的"猫女"（像猫一样的女性），例如长着鹰钩鼻的人会呈现出骄傲而坚强之感。这些关联将在动物面相学中找到最强的表达，也影响了后来切萨雷·隆布罗索[6]坚持的主张。所有这些都让我们以为，人类与动物之间的相互交织和相互参照仅停留在表面，但实际上，这种相互关系早已穿透了肉体这一最易被忽略的解剖结构。动物成为人类身体之外的器官，例如在巴厘岛的传统中，人们将斗鸡与雄性器官进行类比。人类植入的假肢、盲人使用的导盲犬、聋人使用的听力犬和残疾人的工具犬都是身体之外的器官的延伸。

　　动物人类学强调的是人与动物之间的联盟，这种联盟在人类历史上的每次机械经验中都有所体现，例如机械"假肢"（石头、棍棒、刀子等）是借鉴与动物功能混合的经验而产生的替代物。如果没有人与牛或人与马的联盟，人类

亚当为动物取名的古代图画

就不可能走上追寻"蒸汽马车"这条机械化发展的道路。并且，人要跳脱出单纯对动物的模仿（例如披上动物的皮毛），才能发掘人类对时尚的追逐与幻想。

最让人类引以为豪的是，我们的文化体系也保持了对动物行为系统的开放，这是人类文化体系的独特之处。这也要归功于人类文化中的一些恶习，或者如果我们愿意，也可以称之为人类通过动物媒介进行想象的本能美德。人类因此掌握其他物种的解剖结构、功能、生活场所、习性，以及它们的行为特点和行为结果，进而理解动物交流的宇宙。

但仅在这种表征的意义上考虑人与动物的关系是错误的。实际上，动物的生物多样性不仅意味着动物总会有新的表现和功能，还意味着动物可以通过投射使我们意识到人类前进的动力和恐惧。人类的精神在动物的身体上逐渐丰富，并形成了自身的生命力。这使人类精神摆脱了意识的束缚，并有机会完整地展现精神本身。

动物成为人类
身体之外的
器官或延伸物。

显然，我们希冀动物成为一种对人来说更易于理解的模型，以解释或代表我们人类内部的冲突或生气勃勃的力量。我们面临着不断渗透入人类社交生活的非人类元素。与此同时，这种渗透充满拟人化的内容，改变了人类对事物的认知与感受。更重要的是，我们不能忘记动物——本书中伟大的主人公，本次知识之旅的具体转译者——给予人类的恩泽。

人类与动物的混合，体现了人类的功能是不足的或缺失的。失去了与动物的结盟，人类会对自身的表现和投射感到不完美，会感受到自己的赤裸甚至残缺不全。因此，将文化视为人类特有的维度是一个真实的观察结果，但如果不从动物人类学的角度来观察，文化则毫无用处。因此，与动物的伙伴关系是从文化维度研究人类与动物的关系的基础。动物的美德被人类征用，同时动物的一些功能又被转移到人类和其他物种共存的环境中。当狗进入人类社区时，其灵敏的嗅觉使人类以前无法操作的狩猎和监视活动成为可能。在人类的习惯中，这些技巧的获得体现出人类赤裸的欲望。

因此，动物人类学要考虑一个新的实体，即人与动物的关系。这种关系的所有组成部分（厌恶、同盟、对比、对抗）是人类文化之所以真正伟大的引擎。按照这一思潮，对动物产生的"他性"（即异质感）不仅使人类文化这块调色板变得五彩缤纷，使人类能够创作出我们称之为"知识"的宏伟画卷，更让人们有了赋予艺术以鲜活生命的需求。这是解释人与动物的不同关系的一次真正的革命，因为它否定了人类自给自足的观念，并重新赋予动物在人类生活和文化遗产中的积极意义。

人与动物的关系特征

在任何情况下，无论是让我们为之惊奇、钦佩、嫉妒，还是令人感到恐怖、厌恶、迷惑，动物总是会设法吸引人的注意力和兴趣。

如果动物介入人类文化关系的知识银河中，我们就不可避免地要谈及人与动物的多种互动方式。的确，人与动物的关系具有人与其他事物的关系所不具备的特征，并且证明了对所谓动物人类学关系中存在的或更容易被发现的共同元素的研究是合理的。让我们来详细了解一下这些元素。

通常来说，人与动物之间的关系是不对称的，这种关系的天平会明显地向

人类这端倾斜。而人类这端在某种程度上成了定义相互作用边际的关键点。人类会根据一系列变量形成对动物的不同认知，其中识别多样性或动物特殊性十分重要。一方面，人们常常犯下自我指称的错误，换句话说，人类被证明很少有能力摆脱自恋这一恶性循环，因而持续地将自己投射在周围的现实中。在这样的情况下，人类并不关心动物的真实特征。另一方面，人类仅重视一些最适合提供所谓"镜像效果"的动物。我们把这种类型的关系称为"投射"，可以表现为：

◆ "身份投射"，在这种情况下，动物变成了人类自我的一种变种，或在人类将动物拟人化的过程被感知到的自我。

◆ "疏远投射"，当我们尝试在我们与动物之间建立隔阂的投射时，我们所做的将动物物化的过程，即将动物简化成"物"。

人之动物与物之动物

在日常生活中，我们可以看到人类在动物身上进行"身份投射"，即将动物诠释为与人类相似的存在，以人类为标尺来描述动物行为或进行动物行为学的解读。这种哲学思想将动物的需求置于动物与人类的简单类比之中，也被概括为"某事物对我重要，也对我的动物重要"。将动物拟人化的习惯在研究中引发了许多谬误，并导致了对不同物种的习性的误导性解释。然而，将动物拟人化所造成的最棘手的问题与家养动物的生活相关，在这种情况下，每一次错

在许多缩放或模仿动物的外观和行为的艺术品上，均出现了
以动物来拟人的形象。这一现象在所有文化中的出现，代表
着人渴望获得其他物种的美德

误地理解动物的需求以及与动物的交流，都会使我们的家养动物变得痛苦，而我们也会因此而沮丧。实际上，在有猫狗的家庭中，动物拟人化的问题甚至更加突出。这恰恰是由于这种关系本身非常凸显以人为参照的关系和情况，甚至越来越多的宠物因主人强迫它们"扮演"完全不合适它们的角色而产生了行为障碍。

通常来说，宠物会被要求诠释典型的人类角色，例如扮演伴侣、朋友、孩子。动物成为这些人物角色的替代品，增强了主人自我指称的冲动。对狗或猫来说，人类不会扪心自问自己与它们的关系，而是始终处在自我关注的状态，不会去比较自己与宠物的位置。人类也没有被遗弃、被出卖、被驳斥，以及被要求审视其角色是否具有合理性的风险，或者被要求审视自身行动背后的责任和义务。换句话说，几乎总是被当作替代品的宠物允许了人类的幼稚态度持续存在，而这种态度也映射了人类的情感和社交关系中强烈的不成熟性。

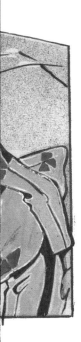

将动物拟人化的现象在童话中大量存在，在皮诺乔的故事中也
有出现。图片由画家阿蒂利奥·穆西诺绘制

将动物拟人化的习惯
在研究中引发了许多谬误。

　　所有这些并不意味着将动物视作"替代品"总是有害的，
并且催化了人类以自我为中心的倾向或幼稚冲动。通常，动物
的存在可以消解个体感受到的恐惧，并使个体更加平静地进入
充满社会关系的生活。这种情况就好像动物伴侣满足了人需要
有专门的对象为他服务的感觉，让人觉得平静。宠物总是忠实
的，始终在我们身边，是可利用的，可以使主人更加开放，继
而轻松地面对现实世界。这就好像动物世界在人类的私人领域
中为个体保留了儿童期对安全的需求，帮助个体更好地进入更
随机但更真实的、由互动关系组成的现实社会，也就是说，更
多地基于比较和互惠的结果。此外，从一种更易理解的、人类
的角度来看待动物拟人化问题则是合理的，而从保护动物的福
利这一角度来讲，我们也必须对人类进行引导和控制。实际上，
动物的拟人化意味着人类完全没有考虑到该物种的实际行为特
征，也就是说，我们没有考量动物与我们打交道时交流、互动
的心理模型。另一个相当常见的现象是人类试图"物化"动物
或将动物转化为另一种事物或工具。这意味着人的自私性再次
显现——不考虑动物伴侣的多面性，而是将动物伴侣的复杂特

以凤凰为主题的插图，来自弗里德里希·尤斯廷·贝尔图赫（1790—1830）创作的图册

征压缩为单一特征。那些饲养特定品种动物的人通常会感觉到或声称特定品种动物具有一系列极为规律的基本特征。这种寻找规律性的机制非常简单，甚至可以用人类偏好某种品牌或产品（例如某种型号的汽车）来进行类比。这一现象使我们试图寻找形态标准、态度标准、职业标准甚至心理标准来对动物进行评估。这种思想开始出现后，才产生了"某种特别危险的狗"和"注定有行为障碍的猫"等偏见。人们倾向于将某种动物视作一个事物，从而剥夺了个体的遗传特征以及伴随其历史而产生的个体特征。这导致了人与动物之间关系的贬值，而人类基于动物具有可替代性这一前提，对其所面对的动物的依恋程度也会降低。

对动物的工具性使用不可避免地意味着人类对待动物时只意识到较弱的责任感，因此被物化的动物时常成为被虐待或被遗弃的受害者。此外，我们的社会已经在现代集约化农业中使一类真正的"动物机器"制度化，这些动物所处的恶劣的生活条件现在已为人周知。康拉德·洛伦茨称，工厂化养殖是20世纪最黑暗的一页。他的言论并非耸人听闻。

另一个相当常见的现象
是人类试图"物化"动物
或将动物转化为另一种事物或工具。

对动物的偏见

我们这个时代的另一个趋势是"创造动物（即造物病）"，或者用动物的图标代替动物。人们对动物习性的熟悉程度已显著降低，但这种习性及其相关的文化在农业文明中依然存在，而在城市化过程中则出现了没有给动物生存空间的"动物空白"现象。第二次世界大战后，城市转型使人对动物世界的熟悉度急剧下降，而动物世界曾经是人类日常生活中固定存在的。乡村文化实际上建立在人与动物结盟的基础上，或建立在人与动物日常交往的基础上。在乡村生活中，人与动物的日常交往并没有被过度理想化，也很难不被重视：一个社区的生活质量如何，很大程度上取决于动物的"好坏"。例如人们的食物来源于家畜，家畜也同时影响着田地是否肥沃，以及耕作、运输是否顺利等，一些动物甚至是耕作的动力来源。

长期以来，狗是人类的伴侣，它们总是被赋予多样的职业。最接近女性世界的动物——猫则是人类食物的守护者，它们有能力控制啮齿动物（比如老鼠）的数量。动物在人类所居住的环境中频繁繁殖，意味着人类不断地与它们进行多样性接触。我们想完全理解动物固有的、神奇的特征，就不要忘记这些方面。

沉浸在自己宇宙中的动物可以充分展现自身的技能，而这些技能在动物的进化过程中得以完善，并引起人类的惊叹和钦佩。正是因为动物具有令人难以置信的特殊技能，所以我们相信猫有 7 条命。也正是狗的嗅觉使狗成了识别气味的专家。

神迹和魔术有着相同的认知根源，即人类认识到自身能力的不足。城市化的出现加强了人类生活的个体性和某种意义上的 "隔绝"：从家庭到工作场所的生活都发生在人造空间（例如房屋、办公室、工厂、汽车）内，自然世界被排除在我们的日常生活之外。人类的想象力被汽车、家用电器、电视图像和计算机填满。这是一个尚未完成的划时代的转变，当然这种转变还没有得到充分的分析，但它不仅深刻地改变了人类的生活方式，还深刻地改变了人与动物的关系。

在我们的文化中，
人们对动物习性的熟悉程度已显著降低，
但这种习性及其相关的文化在农业文明中依然存在。

人与动物的关系类型

人与动物的关系类型可以根据人与动物的关系的一些基本特征来定义，这些特征通常会影响日常生活的一些方面以及人类的态度和行为，但通常很容易区分。

动物拟人化：倾向于在动物身上看到人的特征，从而导致不考虑特定物种的需求和欲望，也指用动物来替代其他参照物。

物化：倾向于将动物视为物并当作工具来使用，类似于对待机器或产品，对动物品种的区分像区分品牌或产品型号一样。

造物病：以预先建立的模型（动物刻板印象）否认动物的身份，并在解剖学、功能和生态学的多样性上，尝试替换该物种的特征。

厌畜症：对动物世界漠不关心，其特征是对动物缺乏兴趣，对非人类的一切事物具有低关注度，无法向动物世界学习。

动物不耐受症：对动物的存在表现出排斥或不耐受，认为动物与威胁、肮脏、厌恶、烦恼相关，对与动物有关的一切事物感到厌恶，可能与对有机现实的不耐受这一特质相关。

动物恐惧症：恐惧动物，通常表现为在有动物存在的情况下，会保持高度警惕；在夜间，做以动物为主的噩梦。

与动物共情：对动物宽容和接受，对动物有类似对待伴侣的态度，对动物的多样性保持开放的态度，同时有将动物视为另一个自己的倾向。

动物痴迷：强化人与动物的关系，倾向于把动物作为替代品（替代其他被教育对象或情感对象）或利用动物解决特定的个人难题（例如对他人的恐惧、沟通问题、恐惧症）。

动物人类学偏差：十分渴望征服动物，过分看重动物世界的掠食性，甚至想统治动物（有时甚至想统治动物世界的性秩序，即一些人所患有的动物狂暴症）并虐待动物。

人类很喜欢使用动物标识，即基于强烈的刻板文化中的图像来制作如儿童般的动物形象、动物玩具和动物符号。动物通过纪录片、迪士尼漫画、小说（如《丁丁历险记》和《灵犬莱茜》）等进入了人类的想象。

狗与家庭相关，代表忠诚、安全，这也使它们（例如
牧羊犬）成为守护基督教信仰的象征

用标识来代替动物会带来严重后果。首先，人会要求动物遵守人预先建立的模型，强迫其行为并为其分配很多不适当的任务。其次，我们一开始就知道动物可以（或必须）给我们什么，因此我们很少有机会考虑动物的多样性。造物病通常会使人感到沮丧：他们会认为他们的狗是愚蠢的，如果他们的狗没有像战犬瑞克斯那样的表演能力；他们还会认为他们的猫是奸诈的、狡猾的，只因他们的猫不像电影《猫儿历险记》中的猫那样适应家庭生活。显然，在这些小说和电影中，动物几乎没有神奇的魔力，这不是因为动物不具有多样性，而是因为人类对动物的多样性完全不感兴趣。在那个或多或少可以被称为"黄金监狱"的人类世界中，被分配了固定职责的狗或猫必须按照一个非常刻板的脚本来扮演其角色，展现一些根本不适合动物的特征。

只有兽医知道让这些动物放弃一些本能的行为是多么痛苦！从神经症到强迫症，从充满攻击性到充满恐惧，无数种疾病都证明了家庭关怀的不足，尤其是在与造物病所产生的偏见相结合时。

侵蚀动物特性的过程已使我们的宠物变成了一种幻灭的、单调的，甚至完全失去魔力的现实存在。

动物拟人化、对动物的物化，以及造物病都是人试图用图像代替动物，将动物转化成物品的思维表现，这种定式思维几乎没有被打破的可能。这也就解释了为什么那些我们可以轻易观察到的、动物被污名化的现象都可以被归为真实的人与动物的关系类型。

动物拟人化、对动物的
物化，以及造物病都是人试图
用图像代替动物，
将动物转化成物品的思维表现。

　　人与动物之间的负面关系，通常指厌畜症、动物恐惧症和动物不耐受症。在此，我们并非要授予被物化的动物一个似是而非的公民身份。有些人与非人类现实没有任何联系，正如他们所说，他们厌恶动物。那些习惯于在超人类和超高科技世界中生活的人们，其想象力并没有为动物留下空间。康拉德·洛伦茨在他的《人性的退化》这本书中描述了一个厌畜症的案例：在公园中玩耍的孩子只注意手中的便携式收音机。这些人认为如果没有动物，世界就可以变得更好，而动物只会给人类带来烦恼。

有些人与非人类
现实没有任何联系，
正如他们所说，他们厌恶动物。

动物恐惧症源于人对动物的刻板印象，如黑镜一样承载并象征着人类最黑暗的本能，因此有其文化层面的渊源。例如，一些文化认为有七颗头的动物就是《启示录》中世界末日兽 666 的化身

还有一些人将动物视为真正的威胁，可能是因为面临被动物攻击的压力（动物恐惧症）或害怕感染人畜共患的疾病（动物不耐受症）。这些人与那些俯身用毒药投喂鸽子，以避免与鸽子发生接触的人是同一类人。对这些人来说，具有不可预测性的动物，或者说在传统文化中充满魔力和魅力的动物，变成了恐怖的、令人厌恶的，并且使人产生恐惧心理的根源。他们的生活因动物的存在（或者更精确地讲，是由于厌畜症和动物不耐受症的存在）而受到损害，以致他们被迫远离自然环境，甚至放弃在开放空间中生活。实际上，对他们而言，仅仅是狗的吠声或猫的存在就足以对他们形成可怕的"攻击"。

对动物的恐惧

对动物的恐惧，一方面在今天已成为一种日益普遍的现象，甚至成为一个问题；另一方面，这种恐惧一直有着非常具体的含义，值得进一步研究。实际上，我们注意到人对动物的恐惧具有不同的含义，且这些含义通常是不可重叠的，或者说在任何情况人对动物的恐惧下都可以被归因于不同的事件和动机。我们已经看到，动物恐惧症在恰当的术语意义上（即对动物个体的恐惧）和动物不耐受症（针对非人类或动物多样性的恐惧）之间存在着巨大的差异。动物恐惧症人群害怕被动物攻击，害怕动物的牙齿、凶猛而残暴的攻击性、行为的不可预测性，害怕在与动物的交流中被误解。动物不耐受症人群则不能忍受动物的

接近，因为他们害怕被动物污染——感染人畜共患的疾病[7]。他们对所有动物性的表达（不受控制的性秩序，自由控制重要身体机能的倾向——完全遵守本能冲动的排便或撒尿等行为）都感到厌恶，对动物的所有特征（比如毛发、体液、口水、蜘蛛网）都感到恐惧。

对动物的恐惧也与人们对世界的恐惧有关，人们恐惧的是非理性的事物，而这种非理性通常被归因于多样性，可能导致人们对其他物种甚至是不同族群的迫害，以及对多元化载体的迫害，或者迁怒于不与特定社群共享风俗或信仰的人们。人们对所有不同事物的不信任可明确表达为恐惧、不宽容、迷信和仇恨，这也是每当一个社会群体或种族群体受到威胁时，动物很容易成为替罪羊的原因。人类作为多样性的载体，实际上已成为破坏世界整体平衡和稳定性的要素之一，因为人类有内部凝聚力，对多样性的恐惧也引导着人类对自身、对他者的冲动，这种冲动又几乎总表现出强烈的模糊性。替罪羊是被特定社群唾弃的、象征邪恶的例证，与此同时，替罪羊是冲突的焦点，也因此被判定有罪，而从另一个角度看，替罪羊成了让其牺牲的那个社群的净化者，或者说救世主。

人们对所有不同事物的不信任可明确表达为
恐惧、不宽容、迷信和仇恨，
这也是每当一个社会群体或种族群体受到威胁时，
动物很容易成为替罪羊的原因。

这个过程的神学特质十分明显，也表现出一种矛盾的关系特征。这一过程体现了驱使人们通过牺牲、杀戮而"远离罪恶"的动力，也表现出了与动物融合的渴求和冲动，尽管这冲动仅停留在象征的意义上。我们可以发现，一个社会群体越闭塞，身份的概念就会越强，越容易进行这种将动物卷入其中的仪式。

在中世纪，动物是基督教团体必须进行的 "净化" 活动的载体。对动物性的恐惧基于对脱离人性的恐惧，即对被污染的人类世界或进入各种生物混合存在的领域的恐惧。与人变形成动物相关的有趣的故事也可以追溯到这个时期。这类故事总是发生在那些自愿或无意中发现自己面临风险，同时远离人类社会的人们中间。例如到森林里冒险的人，与动物长期生活，在月圆的夜晚变成狼人，在密林中变为森林人、变成熊女，这些都是将神话中出现的人转化为动物的常见解释。而吸血鬼等形象是动物作为令人不安的存在，代表漂泊等多样性概念的表达，意味着动物带来的威胁能够使人迷惑，并使人丧失某些精神特质。也就是说，动物界是一块神秘的大陆，容易让人迷路或搁浅。从荷马的史诗《奥德赛》到卡夫卡的小说《变形记》，我们发现在整个西方文学传统中，许多文学作品中都提到人变形成动物（意味着人类害怕变成动物），这类作品的数量之多甚至让"人变形成动物"成为一种陈词滥调，并催生了不同的传统。

今天，"变兽妄想症"一词也意味着一种心理疾病，其患者是那些害怕变为动物的人。他们常常像得了强迫症似的不断地洗漱，有时甚至确信自己已经变成了动物，因此必须有相应的应激反应。对动物的恐惧会在白天影响他们，并在现实的偶然事件（例如看到昆虫从窗外飞入或散步时遇见狗）中被触发，或者在他们的睡眠中表现出来——有些人甚至由于梦到被动物威胁而无法入睡。

电影和文学中令人恐惧的动物

电影和文学广泛使用了"面对动物，人类要战斗"的陈词滥调，并基于动物威胁论而形成了不同的传统。

动物怪兽：它们神秘而又未知（例如儒勒·凡尔纳的《地心游记》或柯南·道尔的《失落的世界》所描绘的），它们可能是外星来客（例如雷德利·斯科特的《异形》所讲述的），也可能来自深渊、未开化之地（例如斯蒂芬·金的《黑暗生物》和《它》所体现的）。

人－动物形怪物：经历杂交，部分或完全转化为动物的"变态人"（例如乔治·朗格兰的《变蝇人》、布拉姆·斯托克的《吸血鬼》所描绘的。这些作品又启发了电影，例如著名的由 F.W. 茂瑙在 1922 年拍摄完成的《诺斯费拉图》）。

内在的野兽：在特定情况或无意识的情况下，人体内在的野兽会被唤醒（例如罗伯特·路易斯·史蒂文森撰写的《化身博士》、埃米尔·左拉的《人兽》、约瑟夫·康拉德的《黑暗之心》，这些都揭露自身或从潜意识深处出现的野兽）。

本来友好的动物变成的怪物，例如斯蒂芬·金的《厄兆》（这部作品堪称典范）、帕特里夏·海史密斯的《兽性犯罪》（也是被人称赞的作品）所描绘的。

敌人一样的动物，例如阿尔弗雷德·希区柯克的《群鸟》、史蒂文·斯皮尔伯格的《大白鲨》所描绘的。

人与动物的关系中有一个重要概念是"变兽妄想症",即害怕变为
动物或害怕自己有可怕的动物外形。例如,古希腊神话中瑟西(又
译为喀耳刻)将尤利西斯的同伴变成了猪

家宅的守护神——家养动物

那些家宅的守护神、我们熟悉的家养动物取代了拉雷斯[8]。今天,这些家
养动物保护着我们的隐私,赋予了我们的生活空间以温暖,并填充了那些令人
感到静默的角落。当我们与它们在一起时,野性的碎片进入了平常人家。它们
被我们驯服,但又能够打破我们赋予事物的单调或无聊的秩序。你看到的这只

猫，也可以被视作一只小老虎，它在各种小摆件中间穿梭。这只猫拥有不同的视角，它将自身包裹在不寻常的关系网中，并将这些摆件以崭新的姿态重现给我们。它从沙发跃到新摆放的桌子上，在各式各样的物体之间游戏。它在刚刚打磨的木地板上疯狂奔跑。多亏了猫，我们保留了一些肾上腺素分泌高峰。我们的心在怦怦跳动，我们屏住呼吸，甚至可以预见这种看似机敏的动物带来的最糟糕的后果……但是，就结果来看，宠物的主人往往就是偏爱这些危险。而这一过程也在积极影响着我们日渐缓慢的新陈代谢，养宠物的主人比那些动物不耐受者的健康程度要高一些。

那些家宅的守护神、我们熟悉的家养动物取代了拉雷斯。
今天，这些家养动物保护着我们的隐私，
赋予了我们的生活空间以温暖，
并填充了那些令人感到静默的角落。

即使所谓文明和优雅已经侵蚀了我们的生活，动物的气味通过动物与人类的交流和自身的行为，仍使我们的感官活跃了起来。我们的行为仍出自需求的深处，因此我们的行为依然体现了人类对动物的需要。而语言交流如同将我们的身体打上石膏一般，使我们无法通过身体说话，或使用各种面部表情，或更简单地重新发现我们对身体接触和温暖的需求。最近我们发现，信息素[9]交流也在人与动物的关系中发挥着重要作用：狗对我们的脚表现出令我们觉得尴尬的兴趣，实际上是狗跟随着母狗发情的气味，这是因为两种气味信号之间存在相似性。

但是人类对类似事件的误解并没有就此结束，而是会继续引起一系列误解，这些误解有时会引起哄堂大笑，有时会激发挫败感，尤其是对动物而言。狗如何看待人类对嗅觉世界的厌恶？这有点像外星人以"清洁色彩"为名，试图从我们感知到的现实中去除色彩。

人类的家几乎总是不适合动物顺应其天性，也许动物会更喜欢多一些感官刺激。例如，猫喜欢发光的东西和吊坠，它们会因为电脑显示器上的光标箭头而发狂；狗则拥有强烈的主人翁意识，并希望可以有玩具球、假骨头和其他玩具。我们是否会因将动物拟人化而获罪？也许会，但这罪恶并不深重。如果已经证明动物因为享受这些刺激而变得更放松，并且在认知上也更容易适应，将动物拟人化的确不是深重的罪恶。

显而易见的是，现在我们熟悉的动物不仅已成为能够振奋我们的情感，让我们的情感关系重现色彩的媒介，也已经成为我们家庭亲密关系的真正守护者，这使我们的生活充满了我们自己不能赋予的温暖。因此，正是动物的存在填补了人类的理性试图化解而最终徒劳的神奇氛围。

今日之神奇动物

动物启蒙

动物一直在与我们对话：动物的出现、行为、千变万化的形态和颜色，以及其生存策略和对生态的适应性，都是它们与我们交流的过程。尤其是动物的生存策略和对生态的适应性，都与环境带来的挑战有着完美的功能上的对应，这意味着非人类的其他物种会给人类带来十足的惊喜。从本质上讲，这就是今天我们仍然将动物视作魔法世界的守护者的原因。

在过去的几个世纪中，对动物世界存在的纷繁多样性，人们所感受到的"惊奇感"基本上产生了两种结果：要么增强了人们对神造世界的敬畏及宗教意识，进而增强了神性；要么让人们对整个非人类现实产生了一种非理性恐惧。

对人类来说，动物从语言的角度难以被理解，在行为上无法被预测，与人类相比，动物具有不同的表现，其不断完善自身的表现常常对人类构成了挑战，同时也是我们寻找解决方案的宝库。在今天这个时代，生物分类领域中从解剖、生理和行为角度研究生物多样性的方法已经有所变化。每当人接触动物世界时，就不可避免地会对动物产生"惊奇感"。因此，如今的我们应寻求一个科学合

在我们的民间传统中，夜行性动物（如长耳猫头鹰或小猫头鹰）的负面含义盛行。在室外，在寺庙的屋顶上，亚洲神话中细节丰富的狮子雕像十分常见

理的答案，来解答人对动物产生这种"惊奇感"的来源。生物学研究生物的特征，通过分析其形态和功能特征（即动物的身体结构），评估其进化史来进行研究——为什么在动物的进化过程中某种特定的解剖结构或特定的行为方式在多种可能性中被选择。尽管如此，我们还是感到每个物种都代表着一个看似离我们很近但又来自数光年之外的存在。实际上，动物世界对我们来说仍然是个谜：动物的行为和认知固有的多样性，使其无法被我们通常用来分割现实的主客二元论划分。

感官和心理系统的差异使动物成为如同外星人，让我们对世界有完全不同的解释方式的生物。人可以通过自由地观察动物来发现动物身上的强大潜力：观察其生活方式，观察其自有的功能在外部刺激下是否合适，观察其在各自生境中对不同选择和机会的反应，并通过与其一起居住来即时发掘这些潜力。这些动物虽然是家养动物，但它们的特殊性永远会令人类感到陌生。

如果说科学在某种程度上对世界进行了祛魅，科学揭下了之前笼罩着生命、发展和物质奥秘的神奇面纱，那么也正是科学，尤其是生物学，给我们提供了重要的刺激，维系着我们与动物世界的纽带，加深了我们对动物世界的理解。

与动物有关的迷信

动物本身并不具有魔法，是各种文化传统逐渐赋予了动物不同的含义。

不计其数的迷信都将动物视为主角。如果你试图对所有涉及动物的迷信进行结构化的分类和排序，那么这必然是一项艰巨的工作。此外，那些认为这些信仰是原始文化或落后社群遗留下来的传统的看法也是错误的。实际上，迷信的产生、发展、消亡，都与其他的文化表现形式存在联系。

如果不唤起人类观察动物时所感受到的不完整感和局部感，解释人们为何面对动物时自带"神奇滤镜"就十分困难。实际上，我们知道，不同物种的感知特性使它们具有收集不同种类信号（例如电、磁、压力、湿度）的能力，并在声谱、光谱和化学的阈值中体现为不同的灵敏度。因此，动物的反应是我们监视外部环境的重要参考，动物能够通过感知当下和过去发生的事情给我们以警示，充当我们的哨兵，因为它们能感知到我们无法感知的信号并表现出来。

狗的嗅觉比人类的灵敏数百万倍。狗可以在主人离开一个月后沿着相同的路径追踪主人。这使我们了解到，狗只要嗅过回家后的我们，就能记住我们白天所做的一切以及遇到的人（或动物）。

猫、蝙蝠和海豚具有惊人的听力，又是因为什么呢？大量的声音（所谓超声波和次声波）可供许多能够捕获它们并将其转化为有意义信息的动物使用。熟睡中的猫可以听到老鼠的吱吱声，而人类即使在注意力高度集中的情况下，耳朵也无法达到这种性能。

超声波的频率比人类可听到的声音频率高，因此当猫或狗在我们听到声音之前就表现出惊恐状，我们也不要感到惊讶：这个现象不是预兆，仅仅是因为动物拥有更强的预警能力。因此，所有迹象都表明，人类实际上既"聋"又"哑"。

　　世界上还有能够感应红外线的动物，例如蛇。某些种类的蛇能够区分热源生物体（即能发出红外辐射的生物体）。因此，即使在完全黑暗的环境下，这类蛇也能够识别出热源生物体，例如老鼠。而有些动物会看到紫外线，例如蜜蜂会通过自己的特性来读取"花之地图"，并锁定哪个部位是花粉，哪里有花蜜，这些信息都是紫外线"写"下来的。

猫的形象经常出现在中世纪的绘画中

动物本身并不具有魔法，
是各种文化传统逐渐赋予了动物不同的含义。

　　为了避免迷失方向，动物在没有光线或空间参照物的情况下，会借助地球磁极的强警告作用，因为许多动物（例如蜜蜂、鹅、鸽子）的一些特殊细胞中拥有磁矿晶体，这些晶体能够将动物变成活的罗盘。

　　感觉到电极活动、磁场、极光、冲击波和回声、大气压力，这些只是我们在动物感觉中发现的一些特殊的物理性能，但我们决不能忘记动物世界中存在的那些化学现象在人的味觉和嗅觉中也是十分重要的。许多动物，例如蚂蚁，具有广泛而精确的化学感受，它们之间能够通过完全属于化学领域的词汇和语法进行"对话"。

　　信息素是存在于动物痕迹中，被用于同物种间交流的挥发性物质。信息素的使用已在大多数物种的各种器官中得到证实，包括哺乳动物的所谓犁鼻器器官。信息素能够使动物的行为（生殖活动、领土防御、群体互动等）与来自外部的刺激同步，因此与情感和脑垂体有直接关系[10]。在鸟类中，光亮和黑暗对其十分重要，鸟类通过视网膜水平收集光线，影响脑部的松果体并控制体内的生物钟。这些现象告诉我们，动物在进化过程中都配备了完善的生理技能，使它们能够"充当"真正的检测工具，甚至具有比人类发明的技术工具更高的灵敏度。

　　随着时间的流逝，人类已经了解到观察动物是十分重要的。动物的习惯（如动物规律性的迁徙和蚂蚁的活动）、动物的机敏（如马"紧张"地来回踱步，猫发出尖锐叫声，以及狗吠都在某些气象事件甚至灾难发生前出现）、鸟类的飞行、哺乳动物的毛发特征、一些无脊椎动物的出现，都是变化将发生的重要信号。

与动物有关的迷信

在所有文化中，人们都相信动物具有特殊的能力和神奇的美德，它们具有以下能力：

推进特定的活动

通过现身（动物神灵显现）、动物的某种行为（如黑猫越过马路，猫头鹰发出的声音，以及对布须曼人来说意义特殊的螳螂的姿势）、动物的某种形态［两尾蜥蜴被认为是可以抵抗疾病的护身符，在圣周五（耶稣受难日）出生的黑色小鸡具有使人变瞎的能力］，可推进特定的活动。

唤灵（例如，宰杀一只公鸡并称其为撒旦就意味着驱走恶灵，收集夜间活动的动物骨头以召唤它们的灵魂）或为某些动物赋予死者的灵魂（如摩洛哥的鹳、新几内亚的猴子、印度的老鼠、康沃尔的海鸥）。

治愈疾病

在古罗马，人们认为要治愈患处，用手握燕子来碰触身上疼的地方就可以了；在意大利的某些地区，人们会把蟾蜍放在石头下，念一些咒语，企图借此将疾病从人体转移到动物身上。

遵守契约

例如，某些地区进行的所谓"结对"，即人类个体与特定动物（如狐狸、鼬鼠、狼）之间的假婚，其目的是防止人类个体受到伤害；罗马人会为苍蝇献祭一头牛，以讨好那些苍蝇。

报复人

在印度某些地区的婚礼上，人们习惯于将食物和衣服放在门外，供任何想参加典礼的猴子使用；在英格兰，人们认为杀死鹪鹩 (jiāo liáo) 或破坏其巢会带来不幸；在撒丁岛，人们认为早上提到狐狸是危险的；在印度，早上提到猴子意味着人这一天都吃不到饭，要忍受饥饿。

与动物的预兆功能一样，动物涉及魔法领域的另一面是动物的治疗艺术。从这一角度来讲，与动物有关的迷信数不胜数，最常见的是动物被认为是"药品"这一陈词滥调。这一观点也暗含着动物可以承受疾病和缺陷。在中世纪，人们认为，对那些被蝎子咬伤的人而言，最好的治疗方法是倒坐在驴背上来回走。在阿拉伯文化中，人们在感染瘟疫之后，会骑着骆驼在各地游走，以便骆驼将疾病吸附到它自己身上，人们认为用这种方式会赶走瘟疫[11]。

这些以动物为中介治疗疾病的康复仪式最常出现的地方是床边。例如在德国，人们认为，要治愈斑疹、伤寒，必须将山羊绑在病床上。其他传统中则记载了，人们将母猪放在床脚以防失眠。

类似的情况在医学上甚至有相关解释，这种用动物治疗疾病的方法似乎有其合理基础，实际上，人类对大多数毒性和药理的了解都是通过观察动物的行为发现的。例如，人们推测古希腊医师希波克拉底就是通过观察鹳的行为来学习灌肠的。在古希腊哲学家普鲁塔克和泰奥弗拉斯托斯的记载中，我们发现了绵羊和山羊食用草药的证据。当时的亚里士多德还认为，放血的做法是从河马的行为中学来的。我们可以在美洲印第安人、澳大利亚土著、撒哈拉以南的非洲人民的传统中，找到同类例证。

正如前文所阐释的，将动物视为"中介"是迷信中最特殊的一种，而且常常构成人们真正的行为指南。这些指南对避免祸事与不幸，以及激活特定事件是有用的。在印度的某些地区，人们认为：不应在埋着猴子尸骨的土地上建造房屋。

动物也会启发许多象征人生过程的仪式，例如进入成人世界、举行婚礼、参军和去世的仪式。人们认为有些动物可以帮助年轻女性找到另一半，有些动物可以使战士勇猛无敌（例如，古罗马人认为穿着鬣狗的皮就意味着自己可以无敌），还有一些动物可以陪伴死者的灵魂。

动物也会启发许多象征人生过程的仪式，
例如进入成人世界、举行婚礼、参军和去世的仪式。

在最深植人心的迷信中，有一种迷信认为人可以赋予动物能力，来阅读思想或以心灵感应的方式向其主人提供帮助，传达恐惧，甚至祈求。我们所有人都会碰巧观察到猫和狗能够很好地理解我们的意图。例如，当我们从椅子上站起来时，我们的四脚宠儿非常确定地知道是否要带上项圈；我们打开冰箱，对猫和狗而言就是打开了一个神奇的堡垒；它们甚至知道我们是否要去浴室洗澡，并做出反应。

这些是心灵感应吗？实际上，狗和猫是强大的观察者，在解释身体信息方面十分聪慧。它们知道并能领会当我们因不同的意图而移动时，不可避免地产

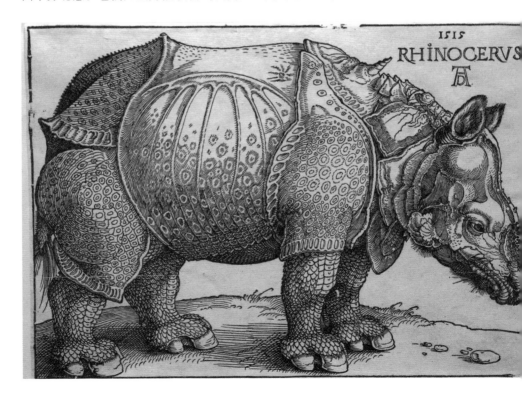

生的微小的姿势差异。

我们常常忘记我们整个身体都参与着交流过程，比如面部表情、虹膜的收缩、手势和其他动作、姿势、语气和音色，而不仅仅是通过语言表达了我们的情绪。实际上，正如圣埃克絮佩里所说，"语言是误解的根源"。如今，陷入语言交流的人们并没有意识到身体的交流的必要性。反之亦然，宠物必须依靠它们唯一懂得的"语言"来理解人类这种"两腿直立的伴侣"的意图。因此，动物的存在创造并完善了值得深入解读的阅读材料。

动物肖像

动物肖像会随时间而变化，具体取决于你要传达的内容或与动物有关联的内容是什么。这就要提到超现实主义风格的史前壁画。以拉斯科岩洞壁画为例，其中的纹章和文艺复兴时期对动物的缩影式描绘形成了鲜明的对比。通常，人们或多或少地会不知不觉地对动物的肖像进行修饰，使其附着在特定模型上，从而满足人的特定口味。

动物的姿态对传递象征性内容也很重要：我们会看到野蛮的动物和像路人一样的动物，有些动物会出现在具有侵略性的仪式中，或者相反它们表现得极度温顺。像形态学的解释一样，对动物姿态的功能性解读也构成了大众对某些动物的刻板印象。

通常，人们会受到想象力和"造物病"的影响而对动物的肖像进行重新设计。例如丢勒于 1515 年创作的奇异的《犀牛》

当外来物种成为传统的一部分时，它会经历
一个与普通动物越来越相似的转变过程

　　通常，动物肖像所体现的是一种已有的文化，且与熟知的动物有着形态近似或造型方面受到约束的特定表现形式，例如那些被绘制在宝石、浮雕和印章上的动物。

　　通常，人们会增强异域动物的那些令人惊奇的解剖学特征，并对其进行创作和描绘，例如阿尔布雷希特·丢勒和彼得罗·隆吉的作品中的犀牛。在他们的画中，犀牛的皮肤被换成了坚硬的铠甲。乌利塞·阿尔德罗万迪的作品中，有着细长脖子的长颈鹿也是这类动物肖像的代表。

　　当外来物种成为传统的一部分时，艺术家如果没有描绘这种动物的习惯，则可能让笔下的动物经历形态上的转变，使其与普通动物越来越相似。回顾整个中世纪，我们可以了解到，大象解剖结构的肖像画如何在绘制的过程中受到画家所熟悉的野猪的影响。

　　同样，我们注意到"动物借用"手法的使用，即从一个物种的解剖特征过渡到另一个物种，来强调要描述的物种的特征，特别是牙齿、爪子和体型。即使在人类早期对自然的论述中，尤其是在康拉德·格斯纳和纪尧姆·龙德莱的论述中，我们也可以轻易找到这种可以定义为"形态省略"的做法。

　　的确，准确地描绘动物是不容易的，因为我们很难跳出现有的文化框架去客观地看待动物。对早期的探险家来说，犀牛是凶猛的独角兽；对美洲原住民来说，西班牙裔的骑士永远与和他们一起出现的马是一个整体。的确，动物肖像的转译受到人类文化及由文化所衍生出的不同焦点的强烈影响。

　　在我们看来，动物肖像通常保留着其代表的物种的魔力，因此我们可以通

19世纪法国插画家格兰维尔的作品,记录了在所有文化创作中都广泛使用的部分动物形态之一——将动物头部植入人体

过图像驱散灵魂,制定特定的咒语,以守护房屋或寺庙,甚至死者。关于这最后一个方面,我们应该想到至今仍然存在的对动物肖像的使用传统,即所谓"丧葬动物",这些动物属于用来装饰坟墓和石棺的首选物种,具有各种象征意义。这类装饰图案或场景中经常包含田园风光——象征宁静,鱼——象征富足和永生,鸽子——象征禁欲主义,狮子——象征力量和勇气,狗——象征爱与忠诚。

准确地描绘动物是不容易的,
因为我们很难跳出现有的文化框架
去客观地看待动物。

必须说明的是,对动物肖像的使用和对象形学派的肯定显然逐渐限制了传

统的、狭义的动物表征。在不同的文化中，不断被巩固的传统中诞生了一系列可用于隐喻的模型。这为超越动物本体存在的符号交流留出空间，从而变成传统严格定义的、内容层面的图像字符。甚至在今天，我们也逐步完善了自己的动物肖像库，尽管这肖像库中融入了一些先前存在的传统，但肖像库的存在进一步将动物从人类的日常生活中移除了，从而造成了一种接近事实却实则虚构的幻象。实际上，动物肖像已经完全取代了它应该代表的动物主体，也从人类习惯中去除了动物本身的重要性。这个过程是由城市化现象引发的，信息革命也推动了动物肖像库的完善。信息革命仍在发展，这也加强了人类文化自给自足的观念。

自第二次世界大战以来，尽管在纪录片、肖像画和虚构故事中存在着大量动物的身影，但在人类生活的"城堡"中却几乎见不到动物的身影。因此，我们注意到动物肖像如野火燎原一般在文化中传播是一个很有趣的现象，甚至几乎弥补了动物在人类生态系统中丧失的"公民身份"。

　　动物肖像在漫画领域最常见。由华特·迪士尼的画笔创造的动物英雄，代表了 20 世纪动物肖像学上最重要的特征。另一方面，我们可以找到不止一个创造动物漫画传统的人。其中法国画派的插图书籍可以追溯到 19 世纪上半叶。值得一提的是一位名为格兰维尔的漫画家，他是动物拟人化理论和有神论的专家，正是他启发了迪士尼等人的创作。

动物肖像已经完全取代了它应该代表的动物主体，
也从人类习惯中去除了动物本身的重要性。

　　正是在迪士尼的制作中，动物拟人化的电影借助了人类非常重要的直觉，并且正如我们看到的，这类电影极大地影响了人们对动物的想象力。从 20 世纪 40 年代开始，我们目睹了迪士尼的角色缓慢但细微的形态变化。尽管时间流逝，但这些角色逐渐呈现出越来越年轻的特征：头部相对于身体增大，头骨的弧度增加，同时眼睛变得更加重要。这种形象上的转变增加了角色的吸引力，这些角色凭借其新形象变得更讨人喜欢，更能唤起人的同情和保护心理。动物肖像的儿童化当然是我们这个时代的突出特征，并将"动物伴侣"替换成了"动物孩子"。在令人印象深刻的动物肖像年轻化的过程中，这些肖像变得越来越新潮（即一直具有年轻的特征），这让人回想起恋动物癖者提出的用动物释放母性的出格想法。

Lait pur de la Vingeann
Stérilisé
Quillot frères
Montigny sur Vingeanne
Côte d'Or
Steinlen

动物肖像的儿童化

当然是我们这个时代的突出特征，

并将"动物伴侣"替换成了"动物孩子"。

动物的呼唤

宠物进入我们的家庭，被如此深厚的与动物有关的文化传统包围：根据我们这些"人类父母"制定的参数，它们应该是幼稚的或在其他可解释的行为中表现出自然的生命活力。因此，动物肖像使宠物成为一种激发人类想象力的动物，甚至发展出类似于海怪主教鱼或阿尔德罗万迪[12]记载的伊朗宗教文化中的曼提柯尔那样的不存在的动物。我们被这些奇妙的动物包围：它们是后现代的嵌合体，吸引了人们狂热的关注；它们可笑的昵称，也吸引着人们；它们也受到中世纪教育实践的"折磨"，同时使中世纪古旧的教学传统黯然失色。

因此，这些肖像可作为建立关系的模型，而且这些关系越来越标准化，越发被定义为"父母－子女"的关系。我们没有问过自己，让动物像被判无期徒刑一样自然地依附于"父母"的保护，是否符合其行为学需要。恋动物癖者必须对模型严格规定的参数做出回应，他们甚至在遗传和外科方面都进行了研究，探索动物体内那些永久的幼年性状——确保它们和主人处在永久性的"父母－子女"的关系之中。在这种情况下，人们脑海中动物肖像的神奇之处就在于它是一种替代物。在出生率不断下降的西方社会，这种为人父母的欲望找不到合适的表达出口。

动物还被人们要求作为"社会黏合剂"，以其自身平息冲突的天性维护人与人之间的关系，遏制群体之间的紧张关系。而人们对这种动物天性的需要却使它们越来越找不到作为动物的基本需求以及与外部的联系。

造物病可以被理解为一种发明动物的艺术。它体现为凭空发明的动物（例如独角兽），还包含人与动物的嵌合体、怪物、人兽杂交和许多其他形式的动物如果说动物肖像在如今哪个领域中依然起着神奇的作用，那一定是在广告领域。近年来，各种营销专家和广告专家发现，将动物的形象植入广告牌、电视广告、信息材料等促销工具，可以促进特定产品的销售量大幅增长。

我们面对的是否为另一种魔法？在后现代主义世界中，动物的神奇作用是否已从宗教领域转移到经济领域？

即使不深入探究这一现象背后的动机，我们也许仍然可以找到一些神奇的与金钱有关的动物"魔法"。实际上，我们面对的是更为具体的考虑。民族志学家和人类学家发现动物形态对人类具有强烈的吸引力，这实际上很容易就可以转化为一项品牌推广或产品的计划。

动物肖像在如今的广告领域中起着神奇的作用。

在混乱的信息海洋中，广告试图以各种方式吸引我们的注意力，让我们不可避免地被其巨大的吸引力麻痹。任何能够产生诱惑力的优惠方案都不可避免地利用着广告产生的吸引力。动物则是超强信号，也就是说动物具有吸引人类眼球的能力，使用它们就可以直接进行几乎没有歧义的交流，并在观察者的记忆中留下深刻印象。根据动物人类学的理论，我们已经看到，人类渴望找到动物形象，并因在信号森林中识别出动物而得到强烈的满足感。因此，我们必须相信，在当代人的城市栖息地中，人们阅读广告牌和那些引人入胜的信息与史前人类"阅读"森林中树叶和树枝的缠结没有太大不同，而且又是动物在这片杂乱的信息丛林中脱颖而出，吸引了人们的眼球。

西方社会中的神奇动物

我们通常认为现代西方文化代表理性的胜利，也意味着那些滋养了魔幻思想的实体论传统的失败。实际上，当代人的想象力远没有使动物摆脱其魔幻内涵，特别是在一些神性仪式中。即使在今天，在科技突飞猛进的西方大都市的心脏地带，在信息化和全球化疯狂席卷人类社会的情况下，人类仍然通过动物来实践一些仪式，如祭祀和占卜，并在需要面对未知挑战时使用它们。显然，与前现代时期相比，这些活动蕴含了历史典故以及可以在传统社会中找到的仪轨。经过仔细研究，我们发现这些活动的根源始终是相同的。这一现象向我们展示了人类为何需要动物作为参照物来进行认知上的探索，或为更好地超越已知边界奠定坚实基础。

在当代社会，"充满魔幻"意味着什么？我们必须立刻想到的是，对魔幻现象的理解和使用如豹子身上的斑点一样，似乎存在于日常生活的各个领域：

◆ 它常常填补了人类知识的真空地带，与动物的迷信言论有关或认为动物具有外部力量，也可能将动物用作实验模型。

◆ 在有些时候，它位于科学实践和魔幻图像与宗教之间的灰色地带，例如神秘动物学[13]。

◆ 有时人们以（动物）平静仪式为主题，例如让－皮埃尔·迪加尔谈到了人类对宠物的敬意，以及人类为减轻对牲畜的歉意而进行的礼仪活动[14]。

◆ 在人类日常的食物禁忌中，我们会想到可食用动物与不可食用动物之间的区别，或者会反思屠宰仪式。

◆ 我们还有与动物灵魂有关的信仰，包括神秘主义、牺牲仪式或其他自然界神秘主义形式，但更简单地说，为动物建立墓地等行为都可以被归为这类。

◆ 我们还会使用动物形象和动物形态来塑造外星人和怪物，想象新的人类

格兰维尔的另一幅插图，描绘了具有人类身体和动物头部的生物

形态，设计衣服、彩妆、文身图案。

◆ 将动物与某些仇恨联系起来，例如母亲或继母准备惩罚犯有傲慢或自大之罪的人［请参阅这方面的报刊，许多报刊都对"疯牛病"（即牛海绵状脑病）现象发表了类似评论］[15]。

因此，动物从来都不是中立的指称对象，而是人类价值观和知识建构中的基本组成部分，以至于我们可以确定人类与非人类两个领域之间有非常紧密的对应关系。有时，这种关系是对立的，有时是类比的、投射性的，通过直接渗透来思考动物就意味着思考人。动物像是人类生活中不可或缺的食盐，是让我们与世界直接交流的一种连接成分，从而使知识成为可能。作为实验模型或实验先锋（例如航空航天研究中的莱卡犬），在人与未知世界之间烦琐的圣职体系中，动物对人而言具有促进作用或充当中间人（即在神秘而未知的空间中穿行）。但众所周知，未知并不总在我们的生活之外，相反，知识的旅程几乎总是在我们的想象中进行的。这就是说，动物必须成为承载我们的"热情"的拟人化对象，并构建我们的过去，甚至绘制出我们内心的地图。

通常，有些人（几乎总是出于自我中心主义）确信他们认为的一切都是真实的：例如那些搜寻神秘而奇特的动物（例如尼斯湖水怪、喜马拉雅雪人、恐龙人）的神秘动物学家。我们必须要提到，20 世纪 70 年代通过基因工程的实践引发的生物技术革命，给了人类创造属于自己的"神奇动物"的机会，如今正朝着日益复杂和令人不安的未来迈进。

在过去的几十年里，一系列与生物技术研发有关的消息不时充斥于报纸，这引发了人们或多或少的情感反应，但也很快就被社会遗忘了。尽管与历史上某些生物技术存在联系，但这些生物技术可以研发出的动物在人类生活和文化全景中绝对是新颖的。

如今，这些神奇的动物实际上并不是人类所崇拜的神明，而是理性的产物，它们已经将人类的神奇想象力和技术力量推向了一个不断碰撞的过程。这种生物技术动物隐藏着我们潜意识里的一面镜子，既能够表达出最隐蔽的欲望，也可以反射出最深处的恐惧，人类的未来因此散发出险恶的光芒——也许我们应该适当注意它们。

在人与未知世界之间烦琐的圣职体系中，
动物对人而言具有促进作用或充当中间人
（即在神秘而未知的空间中穿行）。

生物技术研发出的动物

如今，生物技术实践将许多创意变为可能，从而以某种方式实现了魔像（意为无灵生物、人造生物）的神话。

我们已研发的相关动物类型有：

转基因动物，是通过植入其他物种的基因制成的（例如哈佛大学研发的基因被改造的老鼠，名为"哈佛鼠"）。

基因镶嵌的动物，是通过融合两个或两个以上相同物种的胚胎而制成的，因此具有两个或两个以上具有镶嵌特征的细胞群（具有特定的遗传同一性）。

嵌合体动物，由两个或多个不同物种的胚胎（例如绵羊胚胎和山羊胚胎，鹌鹑胚胎和鸡胚胎）融合而成。

移植后的嵌合体动物，是移植其他处于胚胎期或胎儿期的物种的一些组织（包括中枢神经系统的某些部分）而培育出的动物。

基因剔除动物，为了研究其功能而去除某些基因或使某些基因失效的动物。

赛博格动物，通过芯片或纳米技术植入可控假体[16]的动物，或将动物的一部分植入控制器内而培育出的动物。

基因突变动物，通过植入人工基因制成的动物，这些人工基因通过蛋白质工程合成，随后通过编码 DNA 链构建。

人工双胞胎，通过手术分割胚胎（使胚胎分裂）或使胚胎细胞分裂，之后去除各自的细胞核，并植入尽可能多的去核卵细胞（即通过核转移分裂）而制成的。

克隆动物，由成年动物的细胞制成，通过去除各自的细胞核并重新植入卵细胞来培育的动物。最著名的例子是多莉羊。

Anche sulle Ande l'uomo delle nevi? Il geologo Audio Level Pich, mentre compiva ricerche per la scoperta dell'uranio sul versante argentino della Cordigliera delle Ande, a quota 5500 ha trovato delle orme lunghe quaranta centimetri, con caratteristiche umane. Anche sulla grande catena dell'America del Sud vive dunque un essere simile al leggendario Yeti, l'«abominevole uomo delle nevi» intravisto sulle pendici dell'Imalaia? (Disegno di Rino Ferrari)

自然"怪物"在人类想象中承担的重要作用，标志着人类对生命研究和分类的重视神奇动物的另一面意味着新时代的到来，这让我们重回神秘的自然。这是不同宗教传统融合的结果，有时是认为大自然是所有生灵的母亲，永远处在平衡态的泛神论塑造的结果。我们的世界也是由大量动物拟人化或文化投射形成的，且最受人类中心主义这种陈词滥调影响的世界。我们在各种不同的表达中都找到了这种"自然是无形的"的想法——自然有时被侵害，有时是牺牲品，有时会报复人类，有时会重整秩序。与之相关的现象有以下几点：

◆动物与外界处于完美和谐状态的动物图像（从无暴力、血腥，从不生病，始终处于和谐状态，如一些石版画记录的那样）。在这些例子中，动物是原始智慧、重生和医学美德以及纯正与真实性的象征。

◆动物治疗者，在某些宠物疗法中，虽然没有任何形式或适当规程的科学调查，但人们认为仅仅是动物的存在就可治愈疾病。

◆为自然复仇的动物，如前面提到的"疯牛病"现象。一些人认为动物的任务是惩罚自大的人类。

有些人持"动物有灵"这一想法，如认为世界上存在动物天堂或动物万神殿的想法，也使我们这个时代衍生出了另一种事物，即宠物墓地。

尽管我们可以理解人与宠物的真诚情感以及每个人都会对宠物产生的感激之情，但我们需要明白不可能仅通过解读宠物墓地的方式来理解出现宠物墓地这一现象。

此外，对永生的渴望深深地渗透到我们时代的非物质文化中，永生对人类产生的诱惑是基于对"存在"的历史语境的超越。个人维度的虚拟复制和互动的现实情况（例如互联网）使人习惯于多重的、游牧性的、可在多个地方平行"出现"的存在。有人开始谈论赛博空间的不朽，人在"网络中的迁徙"和集体身份的创造。正是在这种文化氛围中，动物永生的观念得以确立，并且基本上通过两种方式来实现：

◆认可动物灵魂的存在，将动物的死亡视为其生命休息的时间，并认为动物依然在某处等待着主人。

◆想象人类可以无止境地克隆家养动物。

"动物是神奇的"这一认识还基于人与不同家养动物之间的关系，如宠物作为人类的仁慈之心的接受者与集约化农业下成为"贱民"的家畜的关系。家畜与人之间苦涩的关系被保留下来。根据让－皮埃尔·迪加尔的说法，对宠物的喜爱和视家畜如"贱民"的蔑视是同一枚硬币的两面，或者说，它们如传声筒一样彼此相连。家畜的处境越困难，人类在家中就越富有感情地爱抚自己的宠物。也许，迪加尔并没有意识到所谓"对宠物的仁慈"对宠物来说并非无痛的：只有在以人类为中心的视野内，人类才会认为爱与尊重等价。实际上，很少有人关心他们最喜爱的宠物的实际需求。人类几乎总是十分自大的，误以为表达了自己的感情，或自私地与宠物建立联系。人类与宠物、家畜之间的关系有着截然不同的根源和其他人类学动机，这在本书中显然无法全部解释清楚。而且，必须要说的是，人类食用某一动物的动机也可以追溯到魔法或宗教领域。大多数宗教传统都有明确的食物禁令，并经常详细定义屠宰动物的方法，而这绝非偶然。

家畜的处境越困难，
人类在家中
就越富有感情地爱抚自己的宠物。

人类再次在动物中寻找自己的身份，并期望动物为人类的未来提供解释。如今，通过整容手术、药物、健身来达到形式同源性（比如狗狗眼）的潮流已达到顶峰，并且即将迅速确立其地位，这预示着人类新身份的出现，这些新身

让·奥诺雷·弗拉戈纳尔的作品《女人和狗》，*1769 年*

份要求个人拥有与众不同的、独特的权利，也就是要将自己变成一种文化产物。文身、穿孔、外科手术或基因改造都可以使受试者对自己的身体拥有完全的所有权。在提取这些新形式并将其交给历史判断的过程中，我们会发现有一样事物永远不变，那就是神奇的动物。

童话和神话中的动物

魔幻的产物

魔幻的世界中遍布着非常特殊的存在，有风光无限的英雄，巨大的宝藏和古老秘密的守护者，具有惊人能力的牧师，能够超越现实约束的魔法和仪式，以及可怕的、时刻准备进行致命伏击的敌人……这些魔幻故事都基于真实世界而设定故事结构、情节与人物，必须考虑到这些元素的特殊性，并将它们安排在一个连贯且平衡的谜题中。

魔幻的事物诞生于高超的形式、不寻常的组合，以及最不稳定的剧情——一切都必须能够突然变化而不受限制。这也意味着所有规则都是可以被打破的，欲望或恐惧都可以变成现实。

当然，我们也发现了无数的怪物、动物突变体和动物嵌合体，它们孕育于幻想的沃土。

《赫拉克勒斯与九头蛇》中包含了一只九头怪兽，由安东尼奥·德尔波莱奥洛绘制。九头蛇源自一个比《圣经》中的《启示录》所记载的更古老的传说，唤起了古老文化和空间之间的隐藏联系，突出显示了"怪兽"最可怕之处在魔幻故事中，动物充分参与了人类世界的活动，它们被人类的意图感动，与人类互动，帮助或攻击人类的目标。因此，动物可以发声，具有价值，能够制定计划。

我们似乎将引导读者去思考一个天真的，以人类中心主义为主导的魔幻世界。在该世界，对动物世界的理解从来不是客观的，而是经常被人类的预测"污染"的。也许在某种意义上的确如此。如果不考虑动物拟人化的第一个重要要素（即人与动物之间的近似性或非分离性），那么任何解释都是徒劳的。

正是这种连续性，这扇人类世界和动物世界之间敞开的门，允许我们在解剖结构、功能和行为方面借鉴动物。在这一过程中，与动物有关的要素不断流入人类作为主角的世界（如那些将动物形态附加于人而形成的，被赋予新的生命形式、功能或行为的变形者），同时人类相关的要素也会流入动物作为主角的世界（即将动物拟人化）。奇幻世界充满了人与动物的互相渗透和影响，这一方面有助于保持惊奇感和悬念，另一方面也证明了将人与动物分隔开的"膜"具有彻底的渗透性。童话和神话中真正的主人公实际上是人与动物之间的文化混合体，类人元素和类动物元素在两种文化的中间地带盛行。但我们几乎常常可以察觉到畸形的、怪异的角色特征以明显或隐蔽的方式将角色与现实世界区分开。

即便是那些拥有超越凡人的美德的英雄，往往也属于变形者，这使英雄像牛一样顽强，像狮子一样勇敢，像马一样坚毅，像野猪一样狂野。我们几乎总会注意到，英雄的美德吸引了一种"双重动物"，能够迅速在主角的帮助下随时展现自己，或被赋予动物的特征。正是这种身份认同的类比允许了变态机制的产生，即主体与动物"他我"的充分对应。反观奇幻世界中的怪物，我们会发现，怪物在秩序的混乱与对立中更加凸显了奇幻世界与现实世界的差异，为现实世界做出了进一步的贡献。不同解剖结构的混合、形态大小的变异、系统的不对称和结构元素的冗余（更多的头、更多的腿，以及其他同时存在的同源解剖结构，例如手臂、翅膀或完全无法使用的附属物）使怪物成为"无序"的主角。混乱元素绝对是奇幻故事中的主要元素，因为它通常支撑、证明着叙事结构的合理性，并按时间顺序对故事进行叙述。通常，我们会看到这种故事类型的周期性发展，故事情节会经历初始秩序、混乱、最终秩序，其中故事的高潮依赖于为读者打造出的惊奇感，也是读者关注的焦点和剧情最丰富的地方。

实际上，正是这种混乱与障碍使潜在的剧情得以积累，产生了多种叙事的结果。恐怖和吸引力源于混乱和障碍的引入，并极大地丰富了魔幻世界中动物的形态和能力特征，例如九头蛇、歌声诱人且动听的美人鱼、喷火恶龙、墨杜萨。另一方面，俄狄浦斯的乱伦、尤利西斯的狡猾、《木偶奇遇记》中的不合理正是无序和不均衡的例子，这些都能够增强故事的张力。

以上对奇幻世界的分析包括神奇的动物、故事中的怪物和结果等，使我们发现了另一个将奇幻产物与动物人类学研究相结合的点，即认知多样的动物形式的意义，以及从动物人类学视角来看那些丰富的意外事件令人们产生的惊奇感。实际上，如果我们从故事的魔力筒中提取基本要素，即了解叙事成功所不能缺少的基本成分，那么我们将意识到这些成分大部分来自知识领域。也就是说，这一过程锻炼了人非常喜欢的行为之一：学习知识。的确，掌握一个认知工具，并使其完善并不是一件简单的事情，我们需要长期学习，才能建立一个使我们对现实中不同人物进行分类（即创造其彼此间的联系）的句法结构和词汇表。

奇幻世界充满了人与动物的互相渗透和影响，
这一方面有助于保持惊奇感和悬念，
另一方面也证明了将人与动物分隔开的"膜"
具有彻底的渗透性。

反观奇幻世界中的怪物，

我们会发现，

怪物在秩序的混乱与对立中更加凸显了

奇幻世界与现实世界的差异。

　　退一步来讲，以动物行为学作为认知标准，就会导致我们相信对事物的认

《洛哲营救安吉莉卡》
动物嵌合体"洛哲"在故事中扮演着重要角色。在很多奇幻故事中，不同的动物嵌合体在特定情况下帮助英雄，或者考验英雄

知也可以受到本能欲望的刺激。我们将这种刺激定义为"渴望了解更多"。因此我们必须相信，与任何其他行为一样，本能是由人们的满足感所驱动的，在这种情况下，拥有知识就会得到满足感。

好吧，这一切与神奇的动物世界有什么关系呢？最重要的是与动物主角有什么联系？从进化生物学的角度来看，在万物发源之时，似乎没有任何东西可以解释我们阅读童话、传说和传奇故事的乐趣。那些如鸡尾酒般让人惊奇、时而停顿的叙事节奏，以及令人意想不到的故事情节交替，都使我们着迷。从这个意义上讲，故事满足了一种人类内心的声音，因此我们不会丢失任何故事细节，并且焦急地等待着新情节的到来。

的确，这些故事迅速回应了我们的认知需求，更重要的是这些故事与我们的想象力的解剖结构非常吻合，因此童话和神话可以引人思考。

实际上，如果我们分析一个奇幻故事，我们就会意识到，每个细节（例如故事结构或主角的特点）都被夸张地精心策划了，而且这种处理无处不在，例如龙的凶猛、英雄的英勇和美德、各种奇幻剧情的延续。

在仔细调查之后，我们当然必须认可的是，叙事使这些故事极富想象空间，并且极大地满足了我们的好奇心。从人类本能的食欲（这食欲可以被比作承载人们幻想的"开胃酒"）开始，巧妙的故事是极富回味性的替代性食物；而从食物消费者的角度，知识的"丰盛大餐"当然也令人满足。这些人物的夸张本质在已经成熟的替代性角色中被合理化，使这些故事在今天能够以比外部刺激更强烈的特质来回应人类的求知欲，这有点像糖果之于孩童的满足感，是一种放纵的、以系统发育为导向，同时孩童可以收集并区分糖的种类的满足。这就是为什么动物的奇幻故事在某些方面可以与万花筒相媲美。动物的奇幻故事被设计出来，消解了我们的认知疲劳。布鲁诺·贝特尔海姆[17]坚信童话故事是促进儿童的认知发展的一个重要工具。

那些奇幻的动物故事以让人惊奇、
激动、兴奋为主要特征，
因此，它们必须拥有不同寻常的、
冰冷的、壮观的故事环境。

那些奇幻的动物故事以让人惊奇、激动、兴奋为主要特征，因此，它们必须拥有不同寻常的、冰冷的、壮观的故事环境。在故事中，梦想、噩梦、欲望和恐惧必须找到一个合适的舞台来碰撞，甚至对抗。但与此同时，在这样一场富有智慧的游戏中，通往意外和未知的大门也必须是敞开的。因此，奇幻故事（神话、传奇、童话等）中人物形象的塑造都必须满足这些要求，而且在身份定义上具有不确定性（例如我们难以确定奇幻故事中的人物到底是人还是动物，是什么动物）。

把童年和动物性联系在一起的主题有
很多，并且有着不同的含义。通常，
动物被用作隐喻，代表人类尚未完成
的一种状态，它们将通过一种途径或
蜕变获得成长

同时，这些人物形象也不会完全与观众的记忆偏离，例如你几乎一眼就能认出这
个角色是凶猛的还是温顺的，是好的还是坏的。对动物角色的演绎，必须考虑读
者记忆中的细节，同时构造一些从未见过的东西或未经历过的事件。正是这些原
因使故事中的主角成为一个个嵌合而成的实体。它们可以是混合体（均匀地混合
了两个不同的动物物种的特征）和嵌合体（嵌合了来自不同动物物种的解剖结构），
并且将人类和动物混合在一起，给读者造成忽近忽远的感受，推动叙事顺利展开。

对动物角色的演绎，
必须考虑读者记忆中的细节，
同时构造一些从未见过的东西或未经历过的事件。

事实上，为了抓住读者，作者有必要尽可能地接近读者，让读者在自己的
内心中找到一个解释性的或可被识别的模型。但同时，想激起读者的好奇心，

作者同样有必要随时把这个模型移开，使读者产生冒险的欲望。

儿童与动物性

如果说所有文化中的动物都代表了进入超自然世界的特权，那么在充满惊喜的宇宙和充满儿童梦想与幻想的特权之地中的动物就更是如此。梦幻岛上，永远的孩童彼得借用了潘（一个森林中的神）的名字，更重要的是这个故事就是自然的象征，例如我们今天将其描述为詹姆斯·洛夫洛克的自然整体观[18]。《彼得·潘》是一部以某种方式借鉴了科洛迪的故事《木偶奇遇记》的童话，《彼得·潘》强调了儿童时期高度动物化的形象。从这个角度我们可以说，彼得·潘所憎恶的成年过渡期，正如《木偶奇遇记》中所期望的，是以与动物的魔幻现实渐行渐远为标志的。这两个故事中的童年世界都深受以下形象的影响：

◆故事中将人变形为动物的不同角色形象（《木偶奇遇记》中的食火者、仙女、强盗和《彼得·潘》中的胡克船长、奇妙仙子）。

◆主观上将动物拟人化的形象（《木偶奇遇记》中会说话的蟋蟀、鲸鱼和《彼得·潘》中的鳄鱼）。

◆在人类与非人类世界之间变形的形象（例如《木偶奇遇记》中的玩具之乡）。

动物人类学中的童话

动物人类学理论认为"趋动物性"是具有明显进化论意义的。这一概念指人们倾向于在不同情况下与动物相关联。根据动物人类学的观点，动

物主体能有效增加我们的认知欲望。因此，一个故事如果没有动物作为参照物，就不可能让广大读者和观察者产生兴趣或分享的意愿。

因此，动物成为人类求知欲的真正目标。即使是在一个完全虚构的情境中，也不能将动物排除在外。事实上，当我们思考科幻小说中的故事时，会发现故事中动物的存在似乎十分遥远，但我们又会很轻易地发现外星人、异形或非人类生命身上对动物形态的借鉴。换句话说，在大量非人类存在中，我们很容易发现那些基于动物形态的畸形特征，即基于特定的刻板印象加以修改的动物形态。从这一角度来看，知识和动物形态再一次创造了独特的相互作用，两者共同构成了进入魔法世界的特权。

但另一方面，这两个童话也从某种程度上使童年与动物的关系变得密切而重要：读者正是凭借动物之门而进入了魔法世界。

成人世界貌似坚实、理性、一成不变；反之，动物世界则显得奇妙、不确定、多变，甚至无法解释。孩童们则似乎处在两者的中间地带，而且一定是更接近动物世界而非成人世界的。因此，在孩童面前出现了两条不同的道路：第一条道路是通过理性的努力进入成人的世界，这需要清除那些支配幻想和魔法世界的情感以及非理性冲动；第二条道路通向动物性的世界，但通向动物性的世界的路径又不相同。《彼得·潘》中永远的孩童与《木偶奇遇记》中犯下错误的皮诺乔，这两个人物均长期变形为动物（这种变形以非理性、情感性、异想天开为特征）。在某种意义上，这可以使读者与非人类群体进行对话，并更好地理解非人类群体。人们进入成人的世界，意味着丧失动物性的幸福感。事实上，即使在《木偶奇遇记》的故事中，放弃动物性也是一个让人痛苦的过程，因为故事主角不仅要放弃本能——放纵地享乐，而且首先要放弃打造属于自己的世界的诱惑，将现实置于一种无法明说的困境中。

必须说，孩童和动物的亲密关系不仅是传统文化塑造的普遍结果，也超越了动物就是牲畜的观点。这种亲密关系由利益、互惠、共性构成，这些都使动物成为儿童成长的不可替代的参照物。

一些心理学研究表明，
把动物作为玩伴有助于儿童克服
他们生命中必经或只是过渡性的危机。

动物与儿童

动物是非常重要的教育参照物，它们的特征带来了特殊的刺激，并引发了独特的问题，因此在某些方面不能被其他对象代替。在这里，我们先回顾一些动物对人来说非常重要的、可以证明动物的教育价值的方面。

动物是学习识别他人的信息源：动物发送信号，与儿童沟通，并给儿童将信息与源头联系起来的机会，从而使儿童了解他人的价值。

减少对多样性的不信任和对动物的恐惧：熟悉动物的多样性意味着让儿童在多样的关系中更加平静，体验其认知价值并消除所有潜在的威胁。

动物多样性作为无数种模型的集合：形态功能、动物行为和交往方面的多样性成为人们幻想和想象的音节。许多人类学家强调了动物模型在人类认知中的重要性："动物有助于人的思考。"仿生学和赛博领域的专家都强调了观察动物的生存策略，以促进想象并实施新技术的重要性。

动物现实作为解释符号学：动物为儿童提供了一个充满认知挑战的大篮筐。儿童在对动物的关注和诠释过程中受到教育，既提高了理解能力，也加强了联系和考虑自然界信号的意愿，这些信号都具有不凡的意义。

美人鱼以其奇妙、诱人的歌声，以及不同于
人类的解剖结构，来确立与现实世界的不同
及秩序与混乱之间的对立

动物刺激交流：儿童将动物视为玩伴，这种关系有助于儿童形成外向
的性格，特别是有交流障碍的儿童。动物不会对儿童做出评判，而且不像
成人世界一样对儿童来说不可触及。与动物在一起，儿童有可能假装自己
是成年人或父母，并体验他们从成年人世界中学到的各种行为模式，从而
增加其自尊形成的机会。

一些心理学研究表明，把动物作为玩伴有助于儿童克服他们生命中必经或只是过渡性的危机，例如居住地或朋友的变化、亲属的离世。因此，动物对儿童而言既是参照物，也是情感上的支持者。原因很简单：儿童有感受动物世界并将其与现实联系起来的能力，同时也能感受到将他们与成人世界区分开来的巨大差别。

动物与儿童一样，总是自发的、轻松自在的、缺乏责任感的。动物和儿童都具有的亲和力转化为极其牢固的动物与儿童间的联系。童年时代的世界几乎总是成人世界的镜像，因此儿童世界与成人世界完全相反。然而，这种相反的特征在儿童世界中往往体现得不完整，而在动物中则面貌完整。

童年时代的世界几乎总是成人世界的镜像，
因此儿童世界与成人世界完全相反。
然而，这种相反的特征在儿童世界中往往体现得不完整，
而在动物中则面貌完整。

我们要改变视角，就必须找到一种知道如何完善这一机制的动物。《爱丽丝梦游仙境》中的白色兔子就是一个例子，它代表了一个颠倒的世界。在这个世界中，童年时代的秘境（也有些是噩梦）都"奇迹"般地变成了现实。

童话中的动物

如我们所见，童话世界为动物与奇幻故事的相遇提供了条件。奇幻故事使生命不受限制，如万花筒般五彩缤纷。

但是，为什么动物会作为童话的解释者，并且如此重要呢？如果你可以理解什么是两个现实之间"选择性亲和力"的重要因素，我们就不用做多余的解释。迷恋动物的形象似乎在童话故事中处于主导地位，甚至占据了整个叙事的不同阶段，以至于将人类角色边缘化。人类将自己限制在观众一角中，就像爱丽丝一样。

童话必须引诱孩子，满足他们对惊奇的渴望，引导他们时而持久、迷人，但又不稳定的注意力。惊奇感会让人产生模棱两可的感觉：认同感、好奇心、恐惧感和兴奋感。毕竟，这些因素对吸引孩子那游走的注意力来说，是至关重要的，因此这些因素通常会形成一个完整的故事。

童话不仅具有时间上的维度，还为故事的展开和事件的发展所定义。对成年人而言，故事的展开和发展无疑是优先考虑的因素，因为成人特别注重故事内容及其教育教学目的，但在儿童的世界中，儿童可找不到那么多的对应关系。

实际上，儿童更多是在空间维度上追随故事的发展。在这个想象出的空间中，想象力让儿童徜徉其中。因此，我们可以说童话作为一个"场所"具有一些我们将之定义为"生态系统"的特征，而不仅仅是结构性特征，可以说，童话为儿童提供了在其中"生活"的机会。童话般的生态系统将儿童变成沉浸在不稳定世界中的极其自由的实体，这完全符合他们的认知本能。

童话世界之所以充满魔力，是因为它描绘了极其多变的情况：

◆愿望成真。

◆即使在最宏伟的故事中，时间的限制也消失了。

◆物种、阶级和年龄所形成的障碍被打破。

◆身份是不固定的，可变化的；儿童的想象力不会受到限制，因为角色及形态会发生变化、变形、杂糅，甚至质变。从这个意义上讲，童话可以代表孩

童话中的动物经常通过行为特征，或像"穿靴子的猫"（出自童话《穿靴子的猫》）那样通过人类独有的饰品（鞋子）而被人性化

子心灵所处的真正的生态位。另一方面，童话成为发现的途径，是术语意义上的认知冒险，因此我们需要提供一个指南（即一个建议），为充满无数可能性的世界提供关键的被阅读、解释、排序和构造的工具。但在此之前，我们需要赋予那奇幻世界足够的颜色、声音、形态和图像。

在童话中，动物会精确地扮演辅导员的角色，被要求向儿童说明并让儿童理解另一个没有成年人参与的世界中的故事情节。

这代表成人不再参与获取自然知识的过程，也意味着童话世界让我们回到了人与动物共享同一知识源泉的时代。这就让我们了解了通过奇幻故事去恢复个体与童年之间某种对应关系的原因。有趣的是，我们观察到这方面存在着时间限制和条件限制（尽管两者都已经不可避免地消失了）。曾经，动物是人类唯一的老师。

童话中的动物仿佛向儿童表明，在他们即将进入成人世界的那一刻，他们就远离了奇幻世界，以及其他不属于成人的世界。按照这种推理，我们看到了存在于传统教育中的偏见。这种偏见认为孩子在某种意义上不能代表人，而是一种由人与动物构成的混合体，因此儿童有能力与动物世界接触、交流。

童话中的动物仿佛向儿童表明，
在他们即将进入成人世界的那一刻，
他们就远离了奇幻世界，以及其他不属于成人的世界。

　　儿童会发现自己在进入不可逆的人类世界与潜在的纯动物性之间寻找平衡。一方面，这种中间状态充满歧义，因为儿童在两种状态间不断波动并拥有参与或部分参与两种状态的特权；另一方面，儿童的这种状态极不完整，因此儿童会具有极其丰富的表现。

　　正是在这种缺乏完整性和决心的情况下，魔幻故事常常潜伏其中：没有任何法律可以控制儿童，因此儿童可以挑战自己的本性，挑战动物解剖学和行为多样性，因为故事中的动物代表着无限多的生活方式和居住环境。

　　动物被认为是一种不同的诠释世界的机会，即在其他地方的"存在"。将这一假设与其他对物种的感官和认知机制所做的研究进行比较，是很有趣的事。实际上，尽管所有物种都共享着同一个世界，但通过研究感知器官及其潜能以及负责信号转译的心理结构，可以确定这些特征在不同物种间有很大的差异。这意味着非人类动物可以进入人类察觉不到的感官世界，并通过这种功能将人

童话中通常有一种用于引导人类的动物，它们作为先行者引导主角，或者陪伴主角，有时会对主角有所帮助，有时会使主角陷入困境

类无法监控的事件传达给人类，例如狗的嗅觉特性、猫的听觉技巧、海豚的回声定位。有些动物可以感知人类看不见的光谱。例如，蜜蜂能感知到紫外线，蛇可以感知到红外线。

动物被认为是一种不同的诠释世界的机会，
即在其他地方的"存在"。

儿童可以在动物中找到自己，甚至是以一种非常深刻的方式。但由于儿童习惯了非人类世界，他们首先习惯于将人类现实看作局部的，而且明白很多情况下人类对外界的刺激视而不见。这是有关童话世界和动物世界的另一个重要结论：童话世界和动物世界让人们认识到现实世界发生的事实超越了人类可以感知和解释的范畴。简而言之，童话故事是对人类理性可以自我完善这一主张的嘲讽，也是对以人类的心理类型为绝对中心这一认知的嘲讽。

引导型动物：从顾问到生活伴侣

引导型动物是童话中常见的角色之一，它们本身就像是通往与现实世界平行的魔幻世界的入口。在童话故事中，几乎总会有一个动物形态的人物来引出冒险故事，它带领人类或拟人化的主角实现其认知目标。白兔是爱丽丝梦游仙境时的引导型动物，尽管它无意如此。在爱丽丝与动物们进行的疯狂的比赛中，白兔设法将小女孩拖入了一系列的认知经历中。此外，我们还发现引导型动物可以是主角的"伴侣"。比如，皮诺乔有会说话的蟋蟀这样的好老师，灰姑娘有老鼠那样的助手，它们经常引导着人类主角。再如，在佩罗的《穿靴子的猫》中，动物是人类主角的卫士，也是其主人命运的推动者；可以说，动物虽然是叙述情节的主角，但真正的主角仍然是磨坊主的儿子，他跟随自己的仙女猫，而后拥有了巨大的财富和侯爵头衔。为什么动物能够成为人类的向导、顾问和盟友？哪些人注定能得到动物同伴的服务？在可验证的样本中，我们会找到一些特征，这些特征可以帮助我们了解使这种伙伴关系成为可能的条件，以及这种联盟的价值和优势。我们来探讨动物成为引导者的三个主要原因：

◆ 通过建立的不对称关系来反思，或与人类自己的内在对话，即所谓"镜像效应"。

◆ 在事件所造成的混乱局面中，在人类世界的虚伪和伪善中，动物伴侣代表了象征自然的大道，也就是人类的救赎之路。

◆ 与人不同，动物十分感激那些对它们友善的人。

恶狼吹草房。这张插图摘自 1904 年出版的童话故事《三只小猪》

引导型动物是童话中常见的角色之一，
它们本身就像是
通往与现实世界平行的魔幻世界的入口。

　　"动物对人类心存感激"这一主题，和表现人与动物的伙伴关系的另一个重要方面相关，那就是受动物世界青睐的那些人类主人公往往有命中注定的边缘性。在格林兄弟的《蜜蜂王后》中，被人类社群边缘化和嘲笑的小傻瓜正是如此，他获得动物的帮助正是因为他对动物表现出的仁慈。同样在佩罗的童话《穿靴子的猫》中，我们发现了一个显然十分不幸的主角：他的父亲将所有的财产留给了其他兄弟，除了一只猫。然而，他对继承财产的那些人表现出了仁慈，并因此得到了更多回报。

　　又一次，"动物感激"为故事的发展提供了扭转局面的可能性，不再像以往那样以人类为中心，而是像《小拇指》和《小红帽》中所描绘的那样——世界是被动物统治的。即便是当代作家，例如意大利的迪诺·布扎蒂、罗大里，法国的丹尼尔·贝纳等人，也喜欢在他们的故事中创造这种颠覆性角色，从而给动物以真正的生命。

　　在童话故事中，动物经常抱怨人类的忘恩负义。我们可以在《不来梅的音乐家》中发现这一点。此外，在童话故事《小王子》中，狐狸和小王子的经典情节也体现了这一点。这就是为什么童话故事经常通过惩罚坏人来强调动物与好人之间的友谊，这也是我们在格林兄弟的作品《灰姑娘》中发现的主题。在这一版本中，格林兄弟将灰姑娘的复仇鸽加入原版故事中，复仇鸽啄瞎了灰姑娘两个继姐妹的眼睛。迪士尼将这一版本的《灰姑娘》拍摄成故事片，这个故事片最终成了大众接受的版本。

　　如上文所述，很多作品中都存在将引导型动物设计为人类反思的"场所"

的情况。这样的情况在科洛迪的《木偶奇遇记》和卡罗尔的《爱丽丝梦游仙境》中也可以找到，在这些情况下，动物似乎是从主人公的身体内生长出来的，它们常常十分矛盾，但又渴望真实的表达，这些想法深深地潜藏在主人公的潜意识之中。因此，引导型动物不仅是外部存在，有时也会成为我们本性的体现，或康拉德·洛伦茨在他的《论攻击》一书中提到的"本能像是个大议会"。

在童话故事中，动物形态为人类的冲动欲望提供了表达自主权，还为这种自主权提供了足够的展现空间。动物成为诠释人类不同性格的演员，因此儿童更容易理解它们。另一方面，如果人类的灵魂是矛盾的、虚伪的，那么动物的诠释就具有即时性和真实性。因此，动物作为一面镜子，是我们获取知识的来源，通过动物我们可以知晓并理解一个人的内在特征，也可以定位自己在世界中的位置。例如在格林兄弟的《三种语言》中，主人公学会了狗、青蛙和鸟的语言，正是得益于对动物世界的诠释能力，在动物的帮助下，主人公经受住了一系列考验。此外，与动物世界对话的主题在儿童小说中已通过以下方式普遍存在：

◆童话世界中的动物拟人化。

◆科学、描述性的所谓"道德叙事"。例如，康拉德·洛伦茨的畅销书《所罗门王的指环》正是从这一点中汲取了灵感。

这位奥地利神话学家从神奇的指环开始创造人类与其他物种的对话，并为我们提供了最直接、最具体的方法，来学习如何解释与动物有关的信息。从 20 世纪 70 年代开始，许多作者尝试进行这项与动物历险有关并对其描述的工作。不同的叙事类型被混合在一起，产生了非常有趣的结果，例如贝克、马克斯韦尔、亚当斯、通巴里和达雷尔的作品。

在这里，与动物对话是恢复人类对大自然表达善意的基本条件，也是一种把动物信息变得容易阅读的情感共享。这种对话在童话中尤为突出：一般来说，正面的角色往往表现出对动物世界的关注，这不仅因为他们尊重动物世界，也因为他们认为动物世界值得被关心。在童话故事里，许多主人公的优点在于他们知道如何利用从动物界获得的教益，而在此之前，他们就知道如何聆听来自同一世界的信息。

童话中的半兽人

尽管半兽人具有极强的特征性和特殊性，但回溯先前的研究，我们可以追溯到一个常见的基本层面并将其定义为童话中的"人兽同形"。人类和动物之间形成友谊或爱情纽带的容易程度、从人类现实过渡到非人类现实的倾向，以及故事情节中人与动物的善意参与都使我们了解到童话故事中那些人与动物密不可分的关系。从本质上讲，每个童话都表现出一种人与动物本性的混合。

动物世界与人类世界的距离之近也得到了许多作者的强调。卡拉·伊达·萨尔维亚蒂谈到"情感与行为的对应"[19]，儿童有幸在这两种现实之间不断游走。我们也看到了皮诺乔和彼得·潘如何代表了同一枚硬币的两个面，代表两个身份之间的交织、交换、影响和模糊。两个身份想要付出一切代价战胜对方，但两者的对话永不停止，就像成人世界中发生的一样。20 世纪的意大利童话也在罗大里、马莱尔巴和布扎蒂的带领下，再次讨论这些问题，并以此来表达对人类中心主义的批判。

动物性是自黄金时代我们在与自然界的对应关系中发现的一个概念，并通过三段论赋予其生命力，将其作为人类童年的史前观念。而将童年与动物性联系在一起这一主题，又很像西方魔法的概念：它们都是一系列不足以解释认知需求的理由。

此外，以下两种人类与动物对话的主题在儿童小说中是十分常见的：

◆动物新郎或新娘的主题。

◆人兽同形的主题。

正是通过这两扇门，作家们才总是制作出半兽人这杯"鸡尾酒"。

如我们所见，在童话中，动物所扮演的几乎总是陪伴和帮助的角色。但我们也看到了动物所扮演的更深层次的涉及情感领域和未来主角的角色。这一角色体现在"与动物结婚"的主题中。该主题在儿童小说中如此频繁出现，甚至引起了人类学家和心理学家的兴趣，他们试图对此做出独特而全面的解释。

人类和动物之间形成友谊或爱情纽带的容易程度、
从人类现实过渡到非人类现实的倾向，
以及故事情节中人与动物的善意参与都使我们了解到
童话故事中那些人与动物密不可分的关系。

对动物伴侣的描述有多种方式：有的像《美女与野兽》中的野兽或《青蛙国王》里的青蛙国王一样令人厌恶，有的像《小红帽》中的狼一样狡诈和邪恶，还有的代表童话中的怪诞，如《克林王》或《仙女猪》。根据布鲁诺·贝特尔海姆的说法，动物伴侣尤其是雄性伴侣在促进成人世界和儿童世界重组，以及理性应对男孩在认知过程中出现的不同冲动方面具有特定的教育功能。

精神分析研究表明，这些童话为儿童提供了一个建造在奇幻世界之上的上层建筑，使他们能够克服恋母情结、对性的恐惧、过度自恋、本能和文化冲突等。动物新郎神秘而令人不安的形象，随着剧情浮出水面，使儿童产生好奇和恐惧心理。

一般而言，与动物伴侣举行婚礼就意味着儿童进入成人世界，是一种成人仪式，无论是从进入成人世界的意义上讲，还是从进入成人世界前的培训，或

安放性冲动的层面上讲。

审视佩罗著名的作品《小红帽》，我们就会发现主人公被狼吃掉和被诱惑的风险之间存在明显的对应关系。在童话中，主要场景都发生在床上，而故事中的交流细节也确证了这点。在这个故事中，动物伴侣又一次被描述为令人排斥的危险的来源，但并非没有其自身的独特魅力。

通常（但不是在《小红帽》中），这种紧张感随着野兽转变为王子而消散，这要归功于童话世界背后的伟大掌控者，那就是"爱"。所以，总的来说，爱

的任务是将性领域、令人既好奇又厌恶的模棱两可感转变为一种令人渴望的、可以安抚人的东西。只有爱能够整合不同的冲动，将过渡性危机转化为有序的、确定的积极结果。

　　童话的另一个主要的主题是人形动物，一个在世界上许多文化传统中都存在的话题——这些文化传统撬开了知识世界的门，将人形动物这一话题纳入知识中。希腊和拉丁文化传统给我们带来了人可以转变为动物的幻想，让我们认可了神灵、英雄和动物之间存在相通性，甚至在许多情况下存在同质性的观点。

亨德里克·霍尔奇尼斯的作品《卡德摩斯杀害巨龙》。在西方传统中，龙经常被用作邪恶的隐喻，而人必须通过美德打败它

这种人形动物是传统的一种权宜之计，是宙斯对激情的伪装，但常常是为了增加神性而制造的效果。

瑟西在《奥德赛》中对人的变形尽人皆知。在她的故事中，我们可以清楚地了解人形动物的负面含义。我们还可以在整个中世纪传统里找到这种人形动物的存在，例如女巫可以将自己和其他人变成动物。通常，女巫会变成逃避迫害的动物，以吸引新的追随者，或狡猾地潜入人们的家。

希腊和拉丁文化传统给我们带来了人可以转变为动物的幻想，让我们认可了神灵、英雄和动物之间存在相通性，甚至在许多情况下存在同质性的观点。

　　更有趣的是阿普列乌斯的《金驴记》，它用革新的方法，为我们提供了对当时社会不加美化的描述。

　　在童话中，人形动物几乎总是具有探索性的含义，就像格林童话中的《小小姐弟俩》和意大利作家万巴的《露着衬衫角的小蚂蚁》所表达的一样。

　　在向动物转化的过程中，人会经历一些事情：阿普列乌斯笔下的残酷情节、皮诺乔被变成驴时的糟糕情景，以及《露着衬衫角的小蚂蚁》中主人公变成蚂蚁后在昆虫世界的生活。

在童话《小小姐弟俩》中，人形动物的出现是由理性的失去而引起的：尽管姐姐一再劝阻，男孩还是坚持喝溪水，也因此被变成动物。在某些时刻，人形动物是人被惩罚的后果，如童话《七只乌鸦》和《木偶奇遇记》中的主人公。

最后，正如前文已提到的，有时我们会见证从动物到人的反向变化，这种变化是通过爱来实现的（比如通过他们的命运之吻将青蛙和狮子变成了王子）。

神话故事和传说中的动物

即使在神话故事和传说中，动物也以其十分重要的角色脱颖而出。英雄几乎总是在动物的陪伴下展示出某些或本能或直觉的、更接近自然天性而非受文化影响的特质。动物的角色通常是"有用的旅行伴侣"，在某种程度上类似于童话故事中的引导型动物。我们在以下主题中都发现了类似描述：

◆智慧的动物导师，引导英雄（主人公）开启在森林或海洋世界的探索，探寻更普遍的野生世界的规则。

◆英雄的守护动物，每当主人公遇到麻烦时，都会及时进行干预。

◆如英雄的兄弟般的动物或如英雄的分身一样的动物，随时准备牺牲自己。

◆宣布特定事件的动物。

◆动物天使或众神的使者。

除了这些正面的、善良的动物之外，自然还有敌对动物，主人公必须将其击败或杀死。通常，这种敌对动物具有以下几个特征：

◆在不同的文化中，扮演敌对动物的物种差异很大（例如埃及和犹太文化

半人马和人鱼海妖是人与动物嵌合体的例子

中的蛇），因此我们可以根据不同的传统来设置动物的角色。

◆根据以人为本的效用原则，"有用的"动物通常是指那些在农业活动、战斗以及各种职业中对人类有益的动物，而敌对动物则通常是阻碍人类活动的天敌，例如那些有害的、危险的动物和寄生虫。

◆从动物皮毛的颜色来看，人们通常认为深色（尤其是黑色）的动物皮毛，是适合夜间活动的动物的特征，因此具有深色皮毛的动物与黑暗、死亡和邪恶有关；金色或白色的动物则被视为太阳的象征，因此是光与生命的象征；当然也有某些例外，例如白猪在日本传统中是月亮的象征，但仍然代表积极含义。

◆拥有相对积极或负面的行为，这与以下特征相联系：积极行为对应昼行动物，家庭关系为一夫一妻制，习性为食草，性格温顺，等等。负面行为对应夜行动物，一夫多妻制，食肉，性格特征野蛮，等等。

　　奇幻故事中的敌对动物通常都是嵌合体，即在非自然耦合条件下被创造出来，或者由不同物种交配而生，导致它们拥有多种解剖学特征。

奇幻故事中的敌对动物通常都是嵌合体，
即在非自然耦合条件下被创造出来，
或者由不同物种交配而生，
导致它们拥有多种解剖学特征。

　　嵌合体是一种生物中的"丑角"，它们在分类中并不明确的位置和非常态的表现通常意味着它们融合了不同寻常的品质[20]，也代表了故事中真正的挑战。让我们来想想英雄的对手：大力神赫拉克勒斯的九头蛇、柏勒洛丰的嵌合体（喷火怪兽喀迈拉）、尤利西斯的海妖塞壬、俄狄浦斯的斯芬克斯、圣乔治的巨龙等。这些嵌合体不仅展现出进攻的趋势和叙事的悬念，也代表了英雄自身的美德。奇幻动物必须能够进行形态上的变化，对读者构成认知挑战，并具有令人惊讶的魔力，例如控制火的能力、千斤顶般的力气、改变环境的神奇魔力、能够让身体部位重生的能力。

　　在神话或传说中，我们还经常看到所谓"有冲突的动物"，它们是与普遍规律相对的物种，象征着与自然对立的力量，例如光明与黑暗、生与死、善与恶、太阳与月球、男与女。因此，奇幻故事会将诸如鹰之类的与太阳相关联的生物描

述为地下物种的敌人，将蛇或狮子描述为独角兽的对手，因为独角兽是月亮的象征。

正如让·坎贝尔·库珀所描绘的，印度琐罗亚斯德教（该教相信奥尔穆兹德和阿利曼之间，即善与恶之间的普遍性和二元性冲突）将某些生物与其他维度相对应，例如公牛、马和狗是纯洁的，狮子和猫则是不纯洁的，而奥尔穆兹德创造的公猪和鹿则有杀死阿利曼的蛇的使命。[21]我们可以看到，善与恶的二元、残暴与温柔的反差、人类灵魂中基本情感极具张力的表达、阴与阳的对立元素，以及代表这种对立的、具有冲突性的动物通常支撑了叙事背景，构建出主人公展开行动和叙事的生态系统。

在光明与黑暗之间，即在善与恶之间的永恒冲突中，主人公的任务是寻找可以被击败的怪物。在故事中，大量的冲突不仅塑造了怪物的优势特征，也塑造了英雄的英勇形象。同时，冲突性动物也可能象征一个时代的开始，例如狮子和羔羊代表黄金时代的到来，白猪象征勇士时代的来临，四体动物（由狮子、牛、鹰和人构成）代表基督时代揭开序幕，天鹅代指艺术家最后的作品（西方文化将遗作称为"天鹅之歌"），蜥蜴和圣甲虫代表来世的国度。此外，神话中广泛存在的另一种与动物有关的现象是将动物视作守卫者，即守卫型动物。它们被用于守护宝藏和圣地，通常成对出现在宝藏或圣地的入口。它们具有双重功能：

◆对宝藏或圣地进行监督和防御，防止不洁或毫无干系的人越过界限并进入宝藏地带或圣地。

◆象征着界限本身。界限是划分和连接两个世界的地带，因此代表着由不同规则支配的两个现实之间的通道。

造物病——发明动物的艺术

人们用想象力绘出了神奇的动物，但是这些动物不仅仅是想象力的产物，还是不同动物形态的拼贴作品，能增加读者的惊奇感。造物病通过识别第二种动物属性（即被感知的动物）来引领动物人类学的研究方向。最终，我们发现，动物的转化也遵循多种形式的过程。

列出这些动物后，我们会发现这些动物可以分为以下类型：

完全是人类发明出来的动物，例如独角兽、龙、小精灵、主教鱼、凤凰、巨灵利维坦。

人与动物的嵌合体，例如由女人的头和秃鹫的身体组成的怪物哈耳庇厄、半人马、海妖、蝎狮、狮身人面的斯芬克斯、美男鱼特里同。

不同动物的嵌合体，例如狮鹫格里芬、马头鱼尾怪、戈尔贡（一种长有尖牙，头生毒蛇的女性怪物）、喀迈拉（一种会喷火的怪物）、骆驼和豹混合而成的骆驼豹，以及蛇怪巴西利斯克。

动物变态后形成的怪物，例如狼人、吸血鬼、豹女、蝇人、半人半驴的女怪物恩浦萨、具有草药的功效且根部像人形的植物怪人曼德拉。

神话中的拟人类动物，例如狼人、熊人、野人、半人半羊的法翁、森林怪兽奥夫达。

由不同物种交配而产生的奇妙动物，例如鸟头女巫乌娜缇、九头蛇、地狱犬刻耳柏洛斯、象征台风的提丰、鹿马兽。

畸形动物，例如八脚马斯雷普尼尔、巨人部族弗摩尔、鸟人、麒麟。

神话中广泛存在的另一种与动物有关的现象
是将动物视作守卫者，即守卫型动物。
它们被用于守护宝藏和圣地，通常成对出现在宝藏或圣地的入口。

守卫型动物会阻止所有不值得或没有接受启蒙规则的人进入圣地，从这个意义上说，它们不仅起着过滤的作用，还要求主角能直面所有的事件和成就（正是这些事件和成就构成了一条真正的净化之路）。"为了进入神圣之所，就有必要击败守护者：守护者的职责是防止有抱负的人走得太远和太快，防止他们在短时间内经历太多难以忍受或无法理解的事情。"[22] 守卫型动物通常是魔幻动物，是混合型动物（嵌合体），即部分是动物，部分是人类（在大多数情况下，守卫型动物拥有女人的身体）。当这种嵌合体的构想来自真实存在的动物时，嵌合体中这种动物原型的结构比例就会被修改。爱尔兰的传说中有一只巨大的，可以将盗贼化为灰烬的猫；在凯尔特人和中国人的传说中，硕大的蚂蚁是珍宝的守护者。我们还发现了传说中守卫金银矿的狮鹫和守卫宝藏的那伽（印度神话中的眼镜蛇）。正如在大多数情况下，我们将蛇作为"知识之树"的守护者，作为代表精神或认知类型的动物。斯芬克斯则代表深奥的知识的守护者。美洲虎是神圣之所的保卫者。守卫型动物守护的事物通常代表着未知之路、未知领域，例如由蝎子守护的太阳门，由鹰守护的世界之门；或代表神圣的、通往来世的王国，例如希腊神话中塞伯鲁斯负责守卫的死者王国。

动物恶魔

在奇幻故事中，我们发现动物一方面具有具体的形式，即作为故事的主要

守护圆满莲花曼陀罗寺庙的石雕，位于印度尼西亚的巴厘岛

在守卫型动物中，蛇是知识树的守护者

角色；另一方面动物也具有象征性的形式，即代表或唤起特定含义。此外，动物也作为能够推进特定事件发展的实体。恶魔，是一种居住在边缘地带的生物，难以捉摸，性情阴暗，而且只适时出现，以惩罚人类的自大或让人类了解自己的极限。

恶魔，是一种居住在边缘地带的生物，
难以捉摸，性情阴暗，而且只适时出现，
以惩罚人类的自大或让人类了解自己的极限。

人们一直以恐惧的心态面对恶魔的存在，把恶魔想象成神秘而强大的对象。每当人类与动物之间的友谊受到令人"不安"的干扰时，恶魔就会出面平息，例如人类的狩猎活动入侵动物领地时。

在许多文化传统中，时至今日仍必须由牧师主持狩猎或祭祀活动，并举行适当的礼拜仪式，以免打扰敏感的动物神灵。

一些广受认可的理论解释了那些描绘狩猎场景的旧石器时代的涂鸦，并认为它们是平息动物神灵并避免人类被报复的贡品。

恶魔栖息在森林、山峰和深渊中，换句话说，它们栖息在最具挑战性且人类无法到达的地方。它们是原始精神的化身，是原始森林之主，是茂盛的植物的合法拥有者。在这方面，我们要多探讨一些内容。动物恶魔的力量来源是自然的丰富能量，包括繁殖力、活力、本能，以及对外界充分的反应能力。大自然重新拥有了对人类活动的控制力，这强化了人们面对大自然时那近乎宗教般的虔诚，而这种虔诚显然是由于人们的自卑和不安。自然的能量体现在野生植物的活力、无脊椎动物的繁殖能力、重大的自然灾害等方面。所以虐杀动物不只让人感到内疚（这通常被改编并写进大量小说，包括所谓"无罪仪式"），最重要的是，人们认为虐杀动物会激怒动物神灵，因此需要进行一些安抚仪式。

动物恶魔的力量来源是自然的丰富能量，
包括繁殖力、活力、本能，以及对外界充分的反应能力。

动物恶魔也代表本能的领域，是失去理性的、令人恐慌的，甚至疯狂的部分。动物恶魔与死后的世界以及魔法世界有着广泛的联系，动物的灵魂通过神秘仪式和习俗与人类并存。

我们可以肯定的是，丰富的动物形象及其象征意义证明了动物恶魔始终具有的突出价值，该价值应被归为动物恶魔的神秘感，让人们无论如何都要通过贡品和礼节对动物加以安抚。下面我们来探索其中的一些案例。

其中之一是辟邪功能，消除或削弱邪恶力量的影响：为了抵御邪灵，许多文化都记录了人们对具有明确的象征意义的特定物种的使用。通常来说，这种象征还会明确提及动物本身的形态，例如贝类作为女性生殖器的象征，动物的角和蛇作为男性生殖器的象征。除此之外，在许多文化中，阳具的形式使之成为肢体功能的象征，这显然是对形态学的参考——蛇可以执行这种阳具的模拟功能。这些现象可能是对以下事实的解释：我们经常在传统肖像中找到蛇，比如印度传统的那伽和古埃及的眼镜蛇。蛇的另一个神秘用途也被广泛记载于文献资料中，即那些与地神①相关的存在，代表着隐匿的、地下的，参与大地的运动和变化，因此与周期和生育有着千丝万缕的联系。在这类信仰中，我们再次发现了蛇，作为一种神秘的爬行动物，它们能够用自己的身体画出圆。地神相关的神话也传达了这样一种观念：大自然的美德不被人类关注，它们被隐藏起来，基本存在于地下，就像女性怀孕之初并不易被察觉一样。

将动物恶魔视为重要象征的另一个领域是在所谓殉葬活动②中，即将动物视为死者灵魂的伴侣。在这些情况下，动物的象征意义是由动物的行为特征（例如食尸鬼夜间活动的习惯，以及与月亮元素甚至是地神相关的元素的结合）所定义的，例如蛇的爬行，蛇也会躲避人的视线，进入坟墓之外的动物世界。在很多时候，这些信仰和行为的价值仅是一种文化传统的表现，例如被认为携带死者灵魂的狗或黑马。

大自然的美德不被人类关注，
它们被隐藏起来，基本存在于地下。

①克托尼俄斯是希腊神话中地神的统称，指在冥界生活的神和灵魂。——译者注
②希腊、罗马神话中的普绪科蓬波斯（赫尔墨斯的祭祀用别名之一），负责把死人的灵魂带到冥国。——译者注

神秘的动物

在所有的人类文化中，我们都可以看到与动物强烈相关的文化产物。这些产物超越了简单的象征意义，赋予了作为媒介的动物以生命。这些动物媒介可以增强人类与神灵的关系。在动物的神秘功能中，我们应该记住以下几点：

动物被认为是替罪羊，负责承担某社群的所有罪过，因此能够以抵消罪恶，并把人从罪恶中解放出来的双重作用干预人类世界。

动物作为一种煽动性的存在出现在祭司旁边或礼拜场地，或作为人类世界与神性世界相交的起点。

动物作为一种精神，或者作为一种象征含义，让我们重归动物占卜、黄道占卜、生肖、象征主义、轮回 [23]、图腾主义、萨满、历法、印度的伐诃纳崇拜。

动物是双重神性的象征，例如猫头鹰和雅典娜的关系，母马和得墨忒耳，乌鸦和奥丁；动物具有拟人化神性的表达，例如猎鹰和荷鲁斯，古埃及神话中象征智慧的月神托特和朱鹮，狼和乌普奥特，狮子和象征战争的女神塞赫迈特，猫和古希腊神话中的芭斯特；动物也作为神性的体现（即显现）。

动物具有辟邪的功能，在许多具有象征意义的文化中，人们对某些物体抵御邪灵的潜力有相当明确的记录。阴茎是使用频率最高、被用来驱邪的人体部位，而人们一般用蛇作为象征来诠释阴茎。例如，印度传统中的那伽、古埃及的眼镜蛇、古罗马神话中冥府女神普洛塞庇娜。

动物具有殉葬的功能，人们认为动物可以陪伴死者的灵魂。作为殉葬品的动物主要是夜间活动的动物，但也包括马和狗，最好具有深色的外表。

人们认为有些动物的存在与地神相关，代表地球、四季交替、自然界的周期性特征和生命的繁殖力。

地狱中的动物在地狱游行的过程中总是与女巫在一起，在"野蛮狩猎"或"死亡竞赛"中帮助女巫。

> 在许多宗教中，动物代表着人类与神性的交汇点，
> 即动物语言与众神语言具有同一性。

在神秘场景中对动物的使用，可以反映出人类认为自然和超自然的未知力量或无法解释、不能预测、不能控制的现象与非人类物种关系密切。这类动物具有预知能力，会先于人类"看到"，它们偏爱特定事件，将自然界与超自然界联系起来。换句话说，动物讲的语言很难解释，但对保护人类社群来说是非常重要的。由于这些原因，动物值得被牧师关注。

在这方面，动物是经常出现在祭司旁边或礼拜场地的一种煽动性存在。在许多宗教中，动物代表着人类与神性的交汇点，即动物语言与众神语言具有同一性。一般而言，动物，尤其是其中某些特定的物种会使神喜悦。动物与死者世界进行交流，参与迁徙、变态、杂交，甚至轮回等巨大的转变。

在犹太教和基督教传统中，动物的象征性经常被用来表达确切的负面含义。基督教中潘神的象征意义与撒旦的形象重合并非偶然，撒旦的形象又被定义为"别西卜"，即"苍蝇之王"，在《浮士德》中被称为"老鼠、苍蝇、青蛙、虱子和臭虫的主"。从我们生活的世俗世界与精神世界之间存在强烈反差的角度来看，动物集中代表了阻碍人类进行精神追求的所有特征（享乐主义的，感性的，肉体的）。

在一神论宗教中，黑暗的野兽与发光的上帝相对应，因此人类必须将动物视为一面黑暗的镜子，将其视为容纳所有阴暗、虚假和污秽的容器。从这个意义上说，一些动物的特定特征会更容易让人联想到这种负面象征，如深色皮毛、特别明显的发情周期（尤其是家养的食肉动物）、一夫多妻制（例如猫的社会行为和性习惯）、夜行习惯（例如猫头鹰和蝙蝠）、与粪便相关的行为（例如狗在粪便中翻身的习惯）、不确定的分类（例如猪，虽然其脚的结构让人联想

到牛，但猪不像牛一样是反刍动物）、以腐尸为食，以及没有固定的栖息地（例如蝾螈）。

这些被认定为负面的动物特征，不仅存在于一神论的传统中，也存在于其他许多文化传统中。具有负面象征的动物变成了"不纯净的动物"。在不同传统中，对这些动物的规定是极为多样的，涉及食物禁忌、对某种动物的彻底清除、动物祭祀、对动物的虐待和迫害、对某物种采取友善态度的禁止。

作为代表消极意义的动物恶魔可以重拾或表达其内心深处最本能的冲动，从而在人类社会中再次出现。因此，在 19 世纪和 20 世纪的大部分小说中，我们都发现了"人类野兽"神话的存在。在这些叙述中，动物的本能（有的看上去并非原始本能）不是在人类复杂本性中被识别出来的，而是在社会规范和私人领域的约束下形成的情感集合中被发现的，例如侵略性、性冲动、强大的生理功能。在一般的故事中，由于理性的消失，或更普遍地说是由于人性的沦丧，动物化身的魔鬼才会再次出现。动物转化为恶魔的过程往往发生在与世隔绝的森林中，它们会在满月的夜晚暴露于月光下，展示出兽性，疯狂撕咬其他野兽，而且伴随着癫狂或癫痫等神经系统疾病。

但是，当我们回想动物作为神性象征的概念时，我们就会发现这种概念的起点是在一神论传统和多神论传统中都存在的一种思想，即人们认为某些物种与神性有交融关系。例如，上帝的儿子是羔羊，鸽子代表圣灵，蛇代表邪恶，这些都是基督教传统中的经典例子。显然，这种交融是天生的，并且基于这样的假设：神性，无论是好还是坏，总是首先出现在动物世界，然后出现在人类身上。

因此，神与动物之间的某种连续性，可以理解为动物的神秘特质与神圣的环境密不可分。换句话说，人类认为动物，尤其是其中某些物种，是令上帝愉悦的：神通过动物说话，伪装成动物，将动物当作另一个自我。

当动物作为神性的象征时，我们就会发现这种神性的起点是某些物种与神性有交融关系。例如，在基督教的传统中，上帝的儿子是羔羊，鸽子代表圣灵

作为代表消极意义的动物恶魔

可以重拾或表达其内心深处最本能的冲动，

从而在人类社会中再次出现。

因此，我们发现了"人类野兽"神话的存在。

在这个意义上，"替罪羊"是文化传统中常见的一种动物象征。一般而言，人们会通过牺牲动物向超自然的存在奉献珍贵的东西，但最重要的是取悦神性。

现存的关于"牺牲"这一主题的读物不在少数。例如根据勒内·吉拉尔的观点，替罪羊的任务是承担社群的所有过错（即成为扰乱自然和超自然秩序的"罪魁祸首"）。与此同时，在替罪羊死亡之时，它们的任务就是使社群摆脱困扰，从而实现社群整体的和谐。从这个意义上说，动物扮演着双重角色——罪人和解放者，动物被人们选择来联结精神层面与神性[24]。

其他学者则基于上面这种解释，强调了替罪羊在最初针对人类的祭祀中起到的替代作用，这是集体暴力作用在不同群体上，而后分化的近乎自发形成的结果。根据这个假设，人类事实上并没有承认动物本身的价值，而是视动物为替代品，这种做法抛弃了通过牺牲人类来完成祭祀的传统。另一种解释则以狩猎活动中产生的所谓"罪恶感"为出发点，进一步解释动物被牺牲的现象。一些人类学家认为，人类杀害动物的行为被视为一种违背自然规律的行为，因此许多文化都发明了隐藏这种习俗，或通过仪式升华这种习俗的方法。根据这种解释，动物被牺牲应当是一种仪式，而人类旨在通过特殊的形式来获得狩猎的合法化，否则狩猎将被视作亵渎神灵的行为。最终，这种解释认为旧石器时代的岩画和新石器时代的牺牲仪式具有相同的含义：两者都有减少人类内疚感的"任务"，但最重要的是，我们发现了一种摆脱并遏制动物复仇的可能。这种方式既体现了对神性的呼唤，又表达出对动物肖像的追捧。

一些人类学家认为，
人类杀害动物的行为被视为一种违背自然规律的行为，
因此许多文化都发明了隐藏这种习俗，
或通过仪式升华这种习俗的方法。

相遇：民间传统中的动物

作为镜子的动物

赋予了我们梦想的动物与我们的日常活动交织在一起，在传统中被夸大或轻视。它们让我们直面自己的欲望、恐惧和直觉。

人们看动物的时候，就像照镜子一样，动物不仅代表其自身，也反映了人类的恶行和美德。正是我们决定了蚂蚁象征浪子，猪是肮脏的，鸽子是无辜的。人类行为是通过与动物的某些关联来表现的，例如狐狸的狡猾、狮子的勇敢、孔雀的虚荣。我们选择最能代表人类特征的动物，但是通过这种方式，我们会扭曲动物的形象，并让其受我们的刻板印象限制。

在童话故事和隐喻中，我们都遇到了人性化的动物，其特征并非源于人类的经验和知识，而是源于传统。我们知道这些动物的形象占据着我们的想象力中心，长期存在于我们潜意识的最深处。

动物常常被人们认为是没有生命权的，却由于其固有的、易受超自然力量影响的特质而被认为具有魔法力量。这与动物被剥削和被灭绝的现实共存，而我们却尚未针对这一现象找到明确的原因和解释。除了人类对动物的矛盾和暧

切萨雷·里帕于 1593 年出版的《里帕图像手册》中收录的寓言图像。画中的图像来自 15 世纪装饰挂毯中描绘的一位森林野女

昧的态度，动物的存在在人类的传统文化中仍占据十分重要的位置。

　　动物，无论是真实的还是虚构的，都使我们联想到"另一种"现实，动物是我们可以诠释的一种符号。

　　民间传统中流传着大量与野兽有关的事件。正如我们在后文将看到的，动物可以预示未来，在这种情况下，动物会展现出象征未知事物的一些符号。在其他情况下，动物不仅预知未来，还为人类打造未来做出了贡献。很多后来发生的事件被归因于动物的出现。

　　在关于动物的人类信念中，人们经常会将这两个方面混淆。这两个方面都有助于人们推脱自身行动范围之外事件的责任，并将动物作为"因"。

　　于是，我们有了那些预示"凶兆"的动物，这一点我们将在后文再做简述。

　　总的来说，关于鸟类在古代占卜中的作用也可以在我们现有的传统中找到，这无疑是令人兴奋的。实际上，某些鸟类的叫声和飞行方向总是与预言相关。

鸟

人们不仅对某些鸟的叫声给予了特别的关注，有时还会在鸟的歌声中寻求思而不得的答案。例如，杜鹃的预知能力在意大利各地区的传统中几乎都得到了认可。在撒丁岛的洛古多罗地区，人们认为杜鹃是可以带来"好孕"消息的使者。首先，杜鹃会被未婚妇女追问：

我的杜鹃啊杜鹃，再过多少年我会生孩子？我那来自索雷斯的杜鹃，我还有多少年会死去？我的小兄弟杜鹃，我过多久会结婚？ [25]

瓦伦蒂诺·奥斯特曼记录的弗留利地区的信仰中也提到了杜鹃的神奇力量：杜鹃的叫声会向未婚女孩"预告"她们需要等多少年才能结婚。在弗留利和撒丁岛，杜鹃还提供了好运、厄运、死亡等"信息"。同时，古老的案例也证实了当时人们的认知：根据宗教裁判所的审判记录（已失去具体记载日期的955号文件 [26]），在某个复活节，安东尼奥·达贾西斯科的妻子通过听杜鹃叫了几声推算自己还能活几年。

阿赞德文化中的动物和巫术

阿赞德人是人类学家埃文斯－普里查德研究的族群，他们部分分布在非洲的苏丹。

尽管那些象征厄运的预兆并不可信，但当地人依然保留了那些与预兆

相关的传统。实际上，任何与巫术有关的动物出现在他们的行进路线中，都必然会引起阿赞德人的担忧。当地人对蝙蝠的认知就是如此。蝙蝠被认为是巫师的交通工具。狗通常被认为是巫师本身。夜行鸟类（例如猫头鹰）的突然出现被认定是坏兆头。如果它们在晚上出现，并在房子周围吱吱作响，这更是坏事一桩。对于阿赞德人，在夜间听到猫头鹰发出刺耳的尖叫声"呵……呵……呵……"，则意味着路上有一位巫师，而人们需要找地方藏起来，并抓起自己的魔笛在药草旁边吹响。

与巫术有关的生物中，最令人恐惧的是阿丹达勒野猫。这是一种生活在稀树草原上的野猫，其令人不安的特征源于其光亮的皮毛、明亮的眼睛、夜间的刺耳哭泣声。传说人在看到它们时就会死亡，一位伟大的国王曾因此而死；甚至人在晚上听到它们的哭泣声也会遭受厄运，因此人必须吹奏魔笛来驱赶厄运。

在当地的传统习俗里，雄性阿丹达勒野猫甚至会与女性发生性关系，然后女性会生出像婴儿一样需要被母乳喂养的小猫。

在中世纪，民间占卜是教会所谴责的一种行为，也引发了传教士对偶像崇拜这一现象的指责。一些传教士还记录了关于"老巫婆"的逸事。老巫婆是一位老妇，她在某一天听到杜鹃唱了5次歌，于是错误地认为自己还可以活5年。事实则恰恰相反，她已经病得很重了，以至于女儿恳求她通过忏悔来获得主的原谅。老妇人认为自己还有很多时间，因此拒绝忏悔。但是在某个时候，突然有种力量让老妇人的病情急转直下，她的力气只能支撑她说出"杜鹃"这个词，并重复了5次。最终，当她再也无法说话时，她只能勉强举起5根手指，而后黯然死去。另一个与杜鹃啼鸣相联系的习俗是这样的：当杜鹃在春天第一次"唱歌"时，人们必须立即数一数口袋里的硬币数量，这样做之后，人们在未来的

在民间传统中，燕子具有积极意义，是重生的象征

一年中拥有的钱币会越来越多。

现在让我们来谈谈其他鸟类在民间观念中所具有的含义。通常，具有积极意义和美好外表的是燕子（燕子往往是新生命的象征，象征复活）和夜莺（自古以来，夜莺就因其悠扬而悲悯的歌声受到人们的赞扬）。有时，人们认为鸟类在他们的房檐筑巢会让他们的房屋变得幸运。

鸽子是基督教的象征主义中经常出现的面孔，它们代表圣灵、和平与宽恕，因此被视为能带来幸运的动物。为了保护这层积极含义，巫师被禁止变身成鸽子。同样的禁令也适用于基督教传统中的其他几种具有积极寓意的动物，例如代表基督的形象的羔羊，将圣母和耶稣带到埃及的驴子。但是，除了乌鸦被认为是所谓"凶兆鸟"之外，被赋予更加负面的含义的则是猫头鹰。猫头鹰在人类的房屋附近发出悲惨的啼叫声，则预示着家庭成员会死亡；屋顶上的猫头鹰飞过的方向与患者的床垂直相交，则预示着死亡将至。如果屋子里有病人，那么猫头鹰将更加清晰地勾勒出未来的轮廓："那只夜行猫头鹰在某个病人的房间里大声啼叫，则意味着这个病人就在坟墓的边缘，他的家人将几乎放弃他会康复的希望……"[27]这是 19 世纪甘迪收集并归纳的对动物的偏见之一，也是一种盲目迷信动物的行为。因此，猫头鹰与乌鸦等都被西利普兰迪写进了雷焦地区关于"象征厄运的动物"的传统中[28]。

即使在撒丁岛，猫头鹰也被人们认为是受诅咒的鸟，是死亡的先驱。在撒丁岛东北部的加卢拉，猫头鹰飞向某个住宅，则意味着某人会死亡，无论是由于自然死亡、谋杀，还是由于意外。

猫头鹰在弗留利地区的传统中也是坏兆头，与乌鸦、蝙蝠、蟾蜍，以及蝎子一样。晚上听到猫头鹰（ciuìte，弗留利地区对猫头鹰的称呼）的叫声是一种令人毛骨悚然的经历。据说，当猫头鹰待在某个窗户上，人们听到猫头鹰的叫声三次时，则意味着有人会去世，或者代表一年之内该社区将举行葬礼。某些文化认为，猫头鹰也会给夜间在外行走，并看到猫头鹰或听到猫头鹰的啼鸣声的人带来伤害。

猫头鹰与死亡关联的习俗也在欧洲各个地区传播，接下来让我们回溯其中的一部分。在日耳曼文化中，在同样都源于代表"尸体"的词根"leich"的基础上演变出了 leichenhuhn（小猫头鹰）、lichvogel（猫头鹰）、totenvogel（死者之鸟）等词。同样，名词 komittchen（意为"跟我来"）和 klag（源自 klage，意为"哀叹"）都指的是猫头鹰的声音：尤其是"跟我来"似乎是猫头鹰发出的死亡即将到来的可怕邀请，而第二个词更强调猫头鹰的叫声令人不安的本质。有趣的是，有关猫头鹰的诗歌中经常出现诸如"哭泣""悲哀的哭泣"，

在某些迷信中，很多动物都与厄运有关。经常出现在迷信里的动物有猫、蝙蝠，以及啮齿动物。此外，在表述迷信的过程中，人们几乎总是明确表达这些动物的女性特征

甚至"喵"（对西利普兰迪而言，猫头鹰是"在屋顶上尖叫的猫"）或"悲哀的叫声"这样的表达。将猫头鹰与猫这种具有强烈魔法色彩的动物相关联并非偶然的。

安静地飞行，恐惧日光，以及悲哀地"哭泣"是猫头鹰[29]与其他夜行性鸟类共有的显著特征。

鸱鸮科猫头鹰，通常是夜行性的猛禽，经常被人们与另一种草鸮科猫头鹰混淆。在我们的想象中，两者都是夜晚黑暗力量的拟人化。夜晚的寂静、黑暗、寂寞、神秘实体和各种阴谋，在人类未醒之时引发轰动：这是夜晚的王国。夜晚缺乏光亮，人也缺乏警觉意识，夜晚是人类的梦境甚至噩梦所在的无意识之地。对在黑暗中安全地展翅飞翔的鸟类而言，夜晚是忙碌的，即便是黑夜，它们也在为书写人类的命运做准备[30]。它们知道命运的秘密，并向人类揭示了命

运已在眉睫之内，不可避免。

老普林尼①写道："猫头鹰生活在荒凉的地方，那里不仅荒凉，甚至令人恐惧，难以接近。"[31]

鸱鸮科猫头鹰，通常是夜行性的猛禽，
经常被人们与另一种草鸮科猫头鹰混淆。
在我们的想象中，两者都是夜晚黑暗力量的拟人化。

同样令人意识到不祥的是，这种"夜晚的奇异生物"传达的信息"不是唱歌，而是哀吟"。乌鸦的叫声，如猫头鹰的叫声一样被认为是令人沮丧的。对老普林尼来说，"当它们用被扼住喉咙一般的声音啜泣时，它们就像将被勒死一样，意味着非常糟糕的事情即将到来"[32]。

在接下来的章节中，我们将思考乌鸦在古代占卜中的重要性，并分析这种动物的负面特征和寓意。在欧洲的民间传统中，不同种类的乌鸦与猫头鹰都是不祥的动物，预示着死亡。在奥地利和瑞士的某些德语地区，大嘴乌鸦的俗名是galgenvogel，意为"绞刑架之鸟"，而冠小嘴乌鸦的俗名则是totenkrân，意为"死亡之乌鸦"。在意大利的民间观念中，乌鸦像猫头鹰一样，会带来厄运，尤其是在人们出行之际，更糟的是在新年的第一天或婚礼当天遇到乌鸦。

对符号的观察，对动物制造的令人意想不到的幻象的解释，以及与其中一些动物的偶然相遇，是占卜会利用的一种普遍形式，这类做法在中世纪更是如此。名门正派虽然反对这种"迷信"的形式，但也杜撰了一系列的赎罪之法。例如，旅行遇到冠小嘴乌鸦从左往右穿过旅行者所走的路，那么旅行者必须连续5天只吃面包、喝水，才能祈求到好运，以破解即将降临的厄运。对于那些

①老普林尼，即《自然史》的作者普林尼，古罗马伟大的博物学家。——编者注

要去探访病人的人，他们甚至必须断食 20 天（在此期间，他们只吃面包、喝水）才能破解厄运。探访病人的人通过在病人家宅附近翻开一块石头来做出预测：石头下面有小动物，例如蠕虫、蚂蚁、昆虫，则预示着病人一定会康复；石头下面什么都没有，则预示着死亡将降临到病人身上。

不仅猫头鹰（鸱鸮科猫头鹰和草鸮科猫头鹰等）是代表死亡的动物，其他鸟类也是死亡的使者，例如燕隼（lodolaio，一种黑白相间的隼）。燕隼在夜间"唱歌"或在屋顶"唱歌"，也会被认为是不吉利的。一般来说，可以飞入家宅的鸟都被认为是不吉利的。

蝙蝠也被认为是病态的"鸟"。在撒丁岛，尤其是卡利亚里地区，蝙蝠被视为带来厄运的"魔鬼鸟"，特别是当蝙蝠进入人类的房间后。在这种情况下，你必须用扫帚把蝙蝠赶走，但又不能杀死蝙蝠。一个残忍的习俗是在房间的门上钉死蝙蝠（有时是猫头鹰、鹰，甚至是狼），以破解咒语。在前文提到的甘迪在 19 世纪所做的评论中，我们读到了有关蝙蝠的信息：

实际上，在女巫聚会、准备神秘咒语时，蝙蝠和蟾蜍几乎总是为诗人、小说家和画家的狂热想象所记录。正是蝙蝠的膜状翅膀使远古时代的人们想象出黑夜精灵、带有翅膀的复仇女神、吸血鬼。这些联想并不出自今天的无知者。简言之，教育的好处就是在我们意大利半岛上的每个地点，那些最易轻信迷信的人都可以被知识说服。例如，教育让人们知道，那些比黑夜精灵更容易让人轻信、上当的人是没有翅膀的，而放高利贷的人比传说中带有翅膀的怪物（如哈耳庇厄）更加令人厌恶；在那些愤怒或妒火中烧的女人体内，才藏着罗马神话中带翅膀的怪兽；自我主义和利益至上的做事原则，才是存在于我们社会中真正的吸血鬼。在今天，无辜的蝙蝠被视为与燕子一样有用，并且能够长久地生存而不被人们赶尽杀绝，它们将不再被人们厌恶。当人们看到很多蝙蝠在天空中拍打翅膀时，农民会高兴地说："勤劳的小动物自由地飞翔着。你们的捕猎是有益处的——你们的猎物将不再伤害我的庄稼，不再使我的劳动和汗水付诸东流。"[33]

被认为有害的其他鸟类也包括公鸡和母鸡。母鸡啼叫的声音像公鸡一样，并且家中有一个生病的人，则预示着死亡将降临至这个病人。母鸡在晚上啼叫的声音如同公鸡一样，对主人来说也是一个不好的兆头，因此主人必须卖掉或杀死母鸡。

当母鸡的翅膀拍打得很厉害时，周围人绝不能说出家人的名字，否则将带

来不幸。而对新手妈妈来说，黑母鸡会带来好运。20世纪30年代的意大利动物人类学家西利普兰迪认为，这种关于黑母鸡的信仰也许起源于古代。据说，刚产下孩子的妈妈会受到冥王的妻子——普洛塞庇娜的保护。普洛塞庇娜是与黑暗有关的地下神灵，而黑母鸡被认为是她的化身。至于公鸡，它们的叫声与黑暗和夜晚的消散有关，因此在夜间听到公鸡啼叫是不寻常且令人不安的。在加卢拉，人们相信，如果一只公鸡在日落时停在房子的门口并开始"唱歌"，那么家中定会有人去世。另一个迷信是，公鸡在夜间啼叫表明村子里的肉被外人偷走或女孩被绑架。人们普遍认为公鸡是女巫和恶魔所厌恶的动物，因为公鸡的啼鸣会打破黑暗，干扰他们的恶行。此外，女巫如果花了很长的时间才骑上扫帚，同时听到了公鸡的"啼哭"声，就有可能立即摔倒而死。

昆虫

其他有翼生物，例如昆虫，也充斥于我们传统文化的想象中。有些昆虫与宗教元素紧密相关，因此被认为是好运的象征。例如，蜜蜂在宗教传统中被认为是好的动物。拥有蜜蜂的人被认为是有福的，因为蜜蜂会产生用来制作教堂蜡烛的蜂蜡。不仅如此，中世纪的一些基督教作家也认为蜜蜂这种昆虫是圣灵的象征。蜜蜂几乎无处不在，而且像鸟一样被人们将其与超自然的力量联系在一起。蜜蜂作为有翼生物，经常被视为众神的使者。

蜜蜂与灵魂相关联，它们通常寓意死者的化身。自古以来，蜜蜂一直是被

在人们的想象中，膜翅目昆虫（蜜蜂、黄蜂、蚂蚁等）的
"母系社会"总是具有特别的魅力

崇敬的对象：在埃及，它们是拉（古埃及神话中的太阳神）的眼泪，是生命、死亡和重生的象征；在希腊，蜜蜂被视为不朽、正统、勤奋的象征，蜜蜂也与得墨忒耳、缪斯女神，以及众神之父宙斯密切相关，因为他们正是被蜂蜜滋养的。老普林尼宣称蜜蜂具有预言的能力，拥有神圣的品质，而正义也可以在其身上体现。

基督教把具有美德的蜜蜂（勤劳、贞操和慈善事业的象征）与圣徒、圣母玛利亚（暗示蜂皇）和耶稣相关联，用蜜蜂和蜂巢隐喻相互联结的信徒和教会。

昆虫充斥于我们传统文化的想象中。
有些昆虫与宗教元素紧密相关，
因此被认为是好运的象征，例如蜜蜂。

瓢虫和蟋蟀同样是具有积极意义的象征：瓢虫通常与圣母有关，在弗留利地区的传统中，瓢虫被称为"阿维玛利亚（avemaria）"或"马利乌特（Mariute）"，这两个称呼都与圣母玛利亚有关。在撒丁岛，瓢虫则被认为可以给人们带来好运。农民还认识到瓢虫杀灭了那些小寄生虫，这有利于在传统中为瓢虫建立积极的寓意。

蟋蟀出现在家中，则被认为会带来好运。注意千万不要伤害蟋蟀，否则会引来不幸。

蜘蛛则具有双重含义：根据某些传统，蜘蛛可以带来好运，而根据另一些传统则相反。这种预兆会根据蜘蛛的颜色（白色或黑色）或蜘蛛出现的地点（出现在粮仓代表积极预兆，出现在酒窖则预示着不吉事件）或蜘蛛出现的时刻（在早上出现意味着好运将至，在中午出现预示着小问题会发生，在晚上出现则预示好事即将到来）而变化。

对到处寻找蜘蛛的人来说，白色的蜘蛛代表好兆头，不仅因为白色本身代表积极意义，还因为白色的蜘蛛身上有一个"十"字标记，所以白色的蜘蛛也被称为"十字架蜘蛛"或"圣母玛利亚的蜘蛛"。

苍蝇在病人的房间里嗡嗡作响，被认为是一个不好的信号。尽管根据某些信念，苍蝇进入房间后会带来一丝好运，但苍蝇在与基督教相关的传统中通常具有不良寓意——苍蝇总与腐烂和瘟疫相关，它们被魔鬼同化了。

"鬼脸天蛾"具有明显的负面意味，被认为预示着死亡即将降临。这是一种令人恐惧的蛾，它们的后背有类似于骷髅的图案，通常在黄昏时飞行并发出令人恐惧的声音。农民在晚上看到鬼脸天蛾穿过家门口，会感到非常震惊：由于鬼脸天蛾飞过时发出"哭泣"一般的声音，人们认为它们宣布了死亡和不幸。

这是一种令人恐惧的蛾，它们的后背有类似于骷髅的图案，通常在黄昏时飞行并发出令人恐惧的声音

动物与幽灵

由于人类有限的理解力，我们把很多无法解释的现象归因于"其他"维度。我们重新加工了死亡的象征性和由此产生的失落感，使这个不确定的空间充满幽灵。幽灵是悬浮在两个世界之间的存在，不完全归属于这两个世界中的任何一个。按照我们的传统，幽灵可以与生物接触，表现出它们的存在和进行交流的企图。有关超自然现象的一些理论认为，某些动物特别容易感知到超自然的具体表现。幽灵的本能，让幽灵比人类更容易检测到动物和人类精神的存在，这表现为动物媒介或有感知力的动物。

动物媒介：大量证据证明，人与动物之间存在心灵感应式的沟通渠道。这些动物媒介依靠感情与亲和力，在动物及其主人之间建立了一种"协调"关系。同时，许多证据都对动物幽灵有所描述，它们的行为方式与人类相同。充满生命力的动物幽灵可以对物质起作用：自动打开的门、没有任何明显干预就移动的物体，以及各种类型的噪声都可以被归因于这些动物幽灵的作用。

根据超自然现象的相关理论，动物幽灵会沿着阻力最小的路径出现（比如通过听觉或视觉）。根据这种观点，动物幽灵就是死者的灵魂，它们以既定的形式象征死者的罪恶。动物幽灵还可能在死亡地点发生"转移"。例如，一只狗在车祸中死去，同时它能向主人显现自己，即狗的身体在现场，而狗梦幻般的形象会出现在主人面前。媒介实验还考虑了动物的物化，人可以听到动物的吠叫声或看到动物的图像，甚至可以触及动物的物质实体：这些灵魂常常因为人类实体的存在而出现。而在故事中，人类幽灵则会守卫动物幽灵，使动物的身体变得具象而明确。

有感知力的动物 [34]：根据这一分析学派，动物会吸收周围世界的波动，感知灵魂的存在，预知未来，进行心灵感应。这些能力首先来自家养动物，如狗、猫、马、金丝雀。人们认为狗具有特殊的预知能力，即狗可以提供

　　因此，有些人在抓到这种鬼脸天蛾后会立即杀死它们，另一些人则立即将它们赶走。鬼脸天蛾的出现也表明最近去世的亲戚需要祈祷才能脱离炼狱，因此人们需要在鬼脸天蛾出现后念诵祈祷文。类似的观念也适用于萤火虫：人们认为萤火虫是炼狱中寻求被上帝重新选择的灵魂，或者代表被诅咒的灵魂。

　　其他奇异的小动物也在死亡传说中占据一席之地。蠕虫的寓意是病人的生命仅剩几个小时。"当蠕虫在病人房间的家具中发出类似于时钟的嘀嗒声时，这种噪声就被赋予了死亡时钟的含义。"[35]

在希腊传统中，凶猛的三头犬刻耳柏洛斯被赋予了死者王国守护者的角色

蝶青尺蛾幼虫的行为让人十分担忧。据说，这种幼虫掉落在人身上并爬行，意味着其正在对这个人未来所需棺材的尺寸进行测量。如果这只幼虫爬遍人的整个身体而没有被其他人驱赶，那么这个人将在一年零一天之内死亡。最后，具有积极属性的蚂蚁（勤奋、节俭和智慧的象征）也被认为是想要进入封闭空间的女巫或进入房间的噩梦精灵的化身。"巫婆、男巫师、法师被认为是魔鬼、邪恶之灵的仆人，他们在星期三或星期五晚上骑着扫帚从贝内文托的核桃树上出发，或化为蚂蚁，在各地作恶；或用眼神迷惑人们，吮吸孩子们的鲜血；或指挥各种元素，唤起死者，预知未来，改变人类。"[36]

狗

动物世界中能预测未来事件的不仅有鸟类和昆虫，还有狗。我们从 20 世纪 20 年代的文本中读到，狗之所以用尽全力吠叫是因为"它们受到了预知到的未来的影响，这种现象可以反映出它们所熟识之人的命运"[37]。

关于狗的象征意义，不同的传统中存在不同的解读。一方面，狗与家庭联系在一起，与人保持友谊，并通过防范和保卫的功能，保证其对人类伴侣的忠诚和对家人安全的守护。正如我们刚刚看到的，超感官能力是它们的财富。在以牧羊人为中心的基督教文化中，看守羊群的狗扮演着神所珍爱的角色，因为它们阻止了魔鬼的行动。在其他情况下，狗则具有负面的象征。狗被用于贬义词，例如，"犬儒"一词的意思是"类似于狗"，表示对持某种价值观的人的轻蔑。在许多文化中，狗经常具有疯狂的含义，它们被认作死者世界中亡灵的向导。在古埃及的传统中，胡狼犬阿努比斯是死神的代表，负责监督整个埃及的葬礼，并在基诺波利斯举行葬礼。

在许多文化中，狗经常具有疯狂的含义，
它们被认作死者世界中亡灵的向导。

这种犬科动物除了可以为亡灵做向导外，还可以作为黑道的守护者。三头犬刻耳柏洛斯是希腊神话中看守冥界的恶犬，是冥王哈得斯的守护者，它凶残而与众不同。但丁对刻耳柏洛斯有这样的描述："它有令人恐惧的三颗头颅，它激烈的吠叫声淹没了那里的人们。它的眼睛是朱红色的，胡须是油腻的，腹部十分饱满，四肢长着利爪。它折磨着人的精神和灵魂。"[38] 我们再想想琐罗亚斯德教中描绘的狗，它们守护着钦瓦特桥，让灵魂通过此桥到达来世。希腊神话中的地狱女神赫卡特，也被称为特利维亚（Trivia，该词源于三岔路口[39]，因为三岔路口是神圣的），具有犬科特征和强大的感官能力，可以看到人们看不到的事物，感知未知事物和来世。因此，狗不仅可以护送灵魂进入来世或进入地狱，还可以打通死者世界和活人世界，并预言噩耗的来临。

在一些古老的地方传统中，人们常常由于听到夜间的狗吠声而产生恐惧感，就像听到夜间的鸟鸣声一样。家宅附近常于夜间出现狗吠声，则表明家中有人会遭遇不幸或死亡。如果家中有病人，那么这种预警声会更加突出。根据其他民间信仰，狗在夜间号叫，意味着狗预见有人死亡或看到死者的兄弟（这是撒丁岛的一个民间文化传统）。人们认为，这个迹象表明附近的某个人很快就会死亡。

人们常常由于听到夜间的狗吠声而产生恐惧感，
就像听到夜间的鸟鸣声一样。
家宅附近常于夜间出现狗吠声，
则表明家中有人会遭遇不幸或死亡。

在某些情况下，狗代表了被诅咒的灵魂，甚至代表着死亡本身和不祥之兆。

除了这些负面象征之外，狗还代表了一种疗愈的形象。"疗愈犬"这一形象在古希腊就已经受到了人们的认可，狗和蛇的形象一样，被与医药神阿斯克莱皮乌斯联系在一起。医药神是出生后即被遗弃在山上的私生子，而后被一只

猫和狼被认为是女巫可能选择的变身形式。女巫披着动物的外衣，可以在人类世界中穿梭并不受干扰地施展法术

狗救出。在罗马，阿斯克莱皮乌斯神庙里就供养了一些狗，因为当地传统认为这些狗舔了受伤之人的伤口后，伤口会很快愈合。

在 11 至 13 世纪的法国，人们曾用狗作为祭祀品，祈求伤者康复。里昂周围发展出了"圣灵缇犬"崇拜。传说一条大蛇在城堡中出现，并试图接近贵族幼子的摇篮。在这危急之时，一只狗出现，赶走了大蛇，把幼子从死亡边缘救了回来，但是它的英勇行为被误解了，这只狗因此被贵族处死了。不幸的是，在这只狗死后，神诅咒了城堡和贵族家庭，这导致城堡很快就被废弃。附近的农民开始在埋葬着这只忠犬的地方祭拜，饱含着对忠犬的英勇和后续发生之事的敬畏。为了消除这种迷信，并使农民屈服于教廷，宗教调查官斯蒂芬·迪波旁砍伐光了该地区的树木，烧毁了其他植物和房屋，并挖出了被埋葬的那只忠犬的遗骸。但是，农民的这种信念保留了下来，对忠犬的崇拜在 17 世纪左右再次出现。

狗和蛇的形象一样，
被与医药神阿斯克莱皮乌斯联系在一起。

猫

在我们看来，猫超然、有趣，同时不耐烦、以自我为中心、对人类漠不关心，这种感知有什么意义？这就好像责备高山太高，或在冬天抱怨山上的气候恶劣一样。我们知道，高山壮美，在冬天也有其独特魅力。热爱自然的人必然热爱生命，尽其一生地热爱生命。[40]

猫科动物的象征性经常在正面和负面之间摇摆，这种两面性正如太阳和月亮。猫这种动物的形态特征——眼睛、头发、动作，以及它们的半驯化状态催生了一系列不同文化传统对猫的不同解释。猫的眼睛在明亮的白昼和黑暗的夜晚都能清晰地分辨事物，是打开未知世界的"窗户"；它们的皮毛在阳光的照射下会产生一定的电流；它们的动作敏捷、隐秘、无声，这是它们在夜间行动的完美优点。小猫被超自然的光晕包围：它们经常与远见卓识的特征相关联，而黑猫则经常与魔法、死亡和巫婆相联系。

在古代，猫经常扮演神的角色。在大约 3500 年前的埃及，一位猫头的女神十分受人崇拜，她的名字叫芭斯特（Bastet），也叫帕什特（Pasht）。Pasht是一个产生了深远影响的词语。基于该词独特的语言重建，我们发现即使在英

中世纪的民间传统认为，猫的负面寓意是猫代表女巫和法师，但也有人认为
猫与小精灵有关

语中，puss（小猫）一词也有 Pasht 的身影。

在日耳曼神话中，我们发现了与弗丽嘉相关的神话：她是代表爱、好运、
生育和春天的女神，也是奥丁的妻子，她就坐在一辆由猫牵着前行的"猫车"上。

在伊斯兰教的传统中，狗被认为是一种不纯洁的动物；猫则不同，猫被认
为是一种具有积极意义的动物，得到了先知穆罕默德的祝福。至今，小猫睡在
先知那长袍袖子上的传说仍在东方流传。当先知不得不祈祷时，他宁愿把衣服
剪掉，也不愿打扰心爱的猫咪安睡。一直以来，在穆斯林的传统中，人类世界
的精灵大都以猫的形象出现。

正如前文所提到的，猫的身体和行为特征具有矛盾的象征性，有时甚至具
有截然相反的象征意象。猫的象征性意义在基督文明中则与前文提到的在其他
文明中存在很大反差，因为基督文明把猫与魔鬼、欲望、懒惰，以及其他黑暗
的东西联系了起来。当然，在基督文明中，月相、夜行、巫术是十分盛行的。
同样的元素使猫成为某些宗教中的神灵和许多文化传统中的魔法角色，这也促

使猫的负面意象形成。例如在基督教中，猫是邪恶的象征。

此外，不要忘记猫是自由的动物，并不是生来就为人类服务的。猫的独立性是对人类安全的威胁，是对人类统治的否定。在中世纪的传统认知中，人们在某种意义上将猫认作魔鬼和女巫的化身。猫也被认作噩梦中的小妖精、善与恶斗争的象征，甚至对上帝力量的挑战。

当其他一些元素（例如黑色皮毛或夜间行为）与猫结合时，猫科动物所具有的符号特征会被强化。在民间传统中，人们认为在晚上看到的黑猫是魔鬼的化身。这种解释可以从一个来自梅尔西诺（意大利弗留利地区的一个村庄）的女人所讲述的故事中得出："我的母亲和她的一个朋友在晚上玩了一个小时后，从梅尔西诺去了佩特里切，一只黑猫一直跟着她们，直到第二天清晨《圣母颂》响起。她们非常害怕，有时会停下来祷告，此时那只猫就会消失，她们就看不到那只猫了，但猫又会突然出现在她们脚下。那只猫就是魔鬼。" [41]

与这个故事相反的是，奥地利蒂罗尔地区的传说则更相信黑猫具有友好和保护性的特点，例如下面这个故事。一位青年经常去邻村见他的恋人。他从邻村回家时经常是深夜。回家的路中有一段冷清的山路，但他并不觉得孤单，因为他还有一只漂亮的黑猫做伴。黑猫友好地陪着他回到家门口，因为黑猫正是他的恋人。他的恋人凭借自身的魔力，变成了一只猫来保护自己心爱的人。

猫的独立性是对人类安全的威胁，
是对人类统治的否定。
在某种意义上，猫是善与恶斗争的象征，
甚至是对上帝力量的挑战。

　　历史上，宗教与以猫为代表的恶魔力量进行了激烈的斗争，其手段从极端的动物大祭到不残忍的驱魔符号（主要是基督教的十字架），对以猫为代表的魔鬼形象进行遏制和阻碍。在弗留利发生的事情可以为之佐证：

　　有一天，两个女人晚上离开庞特巴，带羊群来到弗拉蒂斯（一个距离庞特巴不远的小村子）。在路途中，她们遇见了一群野猫。野猫渐渐与羊群混在一起，"像蛇一样呼啸而过，睁着明亮而邪恶的眼睛"。两个女人惊惶失措地领着羊群来到草原上，她们本应该沿着熟悉的小路走下去，但这条小路已经不复存在了。她们紧张地思考，而后才注意到羊群已经不见了。这时，她们感到恐惧加剧，便爬上山，一直走到一个十字架下才停了下来。看哪，所有的猫都像变戏法似的四散逃走，消失了。羊群也回来了。村民们纷纷传说这两个女人一定不会经历什么不好的事，因为她们手里拿着玫瑰念珠——玫瑰念珠会保护着她们，即使在晚上也能指引她们走上正确的道路。第二天早上，她们果然安全抵达弗拉蒂斯。

在宗教仲裁期间，猫和恶魔或女巫形成了几乎不可分割的结合体。在以下宗教仲裁审问者的报告中，我们可以看到一个证人的证词（1233 年）：

他起誓说，他目睹了修士多梅尼格强迫 9 个迷途知返的女人直视附于她们自己身上的魔鬼。魔鬼是以一只猫的形象出现的，它的眼睛和牛的一样大，像火球一样在燃烧；它的舌头约有半英尺[①]长，像火焰一样；它还有一条长长的尾巴，足有半臂长；它的身形有一只大狗那么大。在多梅尼格的驱赶下，魔鬼从教堂大钟的洞里逃走，而后在他们的眼皮底下消失了。幸运的是，修士多梅尼格已经谨慎地建议她们不要害怕，并向她们展示了本应供奉的主到底是谁。[42]

在中世纪，把猫与魔鬼联系起来还有另一个功能：谴责异端。

正如我们已经看到的，在一些中世纪依然存在的古老宗教和异教徒崇尚的邪教中，受到崇拜的猫会成为异教徒本身的象征。人们认为异教徒不知晓名门正派的光明磊落，被最邪恶的习惯（即欲望）俘虏，因此仍处于知识无法抵达的黑暗之中。

根据阿兰·德利勒的一项有趣的语源学重构研究，卡特里派的名字来源于猫（catus），根据宗教仲裁官的说法，卡特里派在异教会议上十分崇拜一种动物，甚至亲吻其尾巴。这种动物就是猫，而这只猫就是路西法。不仅卡特里派对猫的崇拜被认为是错的，在宗教仲裁期间，崇拜猫的行为也成为当时人们对异教徒不断进行迫害的由头。

同样，在人们抓捕女巫的时期，女巫旁边的魔鬼以猫的形象反复出现，这形成了一种女巫和猫的联系。事实上，不仅魔鬼呈现出猫的模样，某些女性也致力于与猫有关的神秘实践。因此，人们认为这些女性会变成猫，在别人的家

①英尺，英制单位，1 英尺约为 0.30 米。——编者注

中游荡作恶。那时的人们甚至可以求证对巫术的猜疑，并歼灭可怕的巫师。事实上，无论猫遭遇了什么不好的事，女巫都会遇难。在非法朝圣的过程中，人们认为动物遭受殴打所形成的伤口也会不可避免地在女巫身上留下痕迹。这里有一则故事：

一个女人变成了一只猫，她跑到一户人家的房里偷听并四处宣传。于是，村子里的人都知道了这户人家说的话，可大家都不知道传言从何而来。一天晚上，女主人正在做玉米糊，看到一只猫总是在自己的两脚之间，她就把勺子里盛着的热气腾腾的面糊泼向猫的鼻子。第二天，女主人在去喷泉的路上恰好遇到了一个被烫得面目全非的女巫。[43]

同样，在威尼托地区流传的故事中，一个女巫的故事也体现了猫与女巫的关系，故事讲道：一位父亲为了从女巫手中解救出自己的女儿，杀掉了一只黑猫，因为他认为黑猫身体中藏着女巫[44]。

日本伏见稻荷大社中陈列着满是狐狸面孔的祈愿牌纪念墙

从唯物主义的视角看，女巫和代表女巫的动物都是人类恐惧心理的化身，也是对人类弱点和人性残酷一面的投射。人们将生活中经历不幸、对平庸生活感到愤怒和人类时常缺乏责任感的原因归结到这些女巫和寓意不祥的动物身上。

人类感知到的不确定性在夜间扩大，而黑暗和睡眠使人变得极度脆弱。人类对痛苦的描述则借用了动物的毒牙、爪子、下颌、灼热的眼睛，更妙的是从神奇的人兽嵌合体那里借来了怪物和鬼魂的形象。

在与猫相关的传统中，除了将猫拟人化为恶魔和女巫的倾向之外，还有与猫有关的小精灵的形象。

精灵的形象在意大利十分普遍，因为人们认为精灵经常在人们的梦中出现。在弗留利，人们将葡萄的叶子塞在门锁的锁芯中，以防止精灵进入。

佩鲁贾地区的信仰认为，有一种恶灵可以以猫的形象进入卧室，蜷卧在熟睡之人的胸口并让他窒息。

从猫的声音特征出发，意大利的某些地区把夜间会出现在噩梦中的猫身精灵称为 smiàgolo。在翁布里亚，方言 sciàntarello 用于指称这种小精灵，该词表示旋风或小精灵，也用于形容待在毯子上、抓着毯子的东西，就好像是一只一直赖在床上或趴在熟睡之人身上的猫。事实上，猫趴在人身上，会引起人的腹腔神经丛产生压迫感。这一行为会导致人尽管有意识，但无法移动或交流，也会让人有纯粹的死亡之感。

但是，猫不是精灵演化出的唯一形式。精灵可以渗透到任何地方，它们会以老鼠的形象从墙上的孔进入，或者变成蚂蚁从窗户进入。

对猫的恐惧不仅与传说或噩梦中总是出现猫有关。最重要的是，猫不仅与睡觉的人有关，有时也与死者有关。根据一些民间信仰，你永远不要让猫进入死者的卧室，这是稳妥照看死去的亲人的习惯。在这样的情况下，猫与我们想象中的黑暗的存在再次联系在一起。

同时，猫科动物难以捉摸的特质不断涌现，变成了笼罩着它们的魔幻光环。猫总是难以捉摸、狡猾、无法定义、容易被误解，甚至跳脱于日常。猫的这种超出人类控制力的特征，让人们长期以来对猫感到恐惧、憎恨，并对其进行迫害。

尽管大多数关于猫的解读都是负面的，但有些传统又有所不同。即使以抓捕女巫的名义对猫赶尽杀绝，猫的某些品质还是被保留了下来。这也弱化了传统中人们认为的猫与魔鬼的关系。甚至，猫的额头毛发呈现字母 M 的纹路，会被认为是圣母为猫"打上了烙印"，这一传统至今仍然存在。

除了一些负面的解读（比如猫是魔鬼的化身、罪恶的象征、诱惑）之外，很少有故事将猫与基督教的中心人物放在一起，但撒丁岛上博萨镇流传的传说就是这少数之一。传说记录了猫是如何被耶稣创造的：魔鬼将基督带到了山顶上，诱惑他，并创造了老鼠；然而，基督拒绝这种奉承，便创造出了猫来把老鼠吃掉。

我们可以看到，猫具有不同的含义，总是在罪恶与美德、神与恶魔之间摇摆，猫可以抵达我们想象的最深处。同时，我们赋予猫的诸多含义也暴露了人性中最黑暗、最难以言说的角落。

在与猫相关的传统中，
除了将猫拟人化为恶魔和女巫的倾向之外，
还有与猫有关的小精灵的形象。

狐狸

意大利博物学家朱塞佩·杰纳[45]认为："狐狸的狡猾应被归结为它们的害羞、机敏和肢体的敏捷。"这一观点试图消除狐狸作为邪恶、狡猾的代名词这

在日本的宗教想象中，狐狸是与稻荷相关的自然之灵。稻荷是日本文化中的丰饶之神，同时也是众神居住的圣山的名字

一 负面解读。

在古日耳曼语中，"狐狸"这个词语出现在女性的名字中，因为在人们的想象中，雌性狐狸总是跟随在雄性狼的旁边，并与之结为危险的伴侣。实际上，人们非常担心这两种动物会损坏鸡舍，攻击人类。

此外，狼和狐狸是基督教中由恶魔护养的主要动物。特别是在中世纪，狐狸被认为是虚假的、狡猾的、具有欺骗性的，是异端邪说的隐喻。对狐狸的迫害代表了人类与威胁上帝的邪恶力量的斗争。狐狸不仅以狡猾的象征意义为人所知，还拥有卓越的智慧，常为贪婪、虚假和令人绝望的噩讯服务。这种刻板印象的形成揭示了人是如何通过投射来构建甚至代替动物的真实特征，并使其在很大程度上成为人们"发明"出来的。不仅如此，对野兽的期望也将证明对野兽的妖魔化是正当的。

在许多欧洲人的信仰中，狐狸被认为是与恶魔相伴的动物。在狐狸的外表之下，女巫、魔法师、鬼、妖精和法术受害者，都可以藏身其中，甚至死者的灵魂也可以变成狐狸。

抛开这些负面的对狐狸的变形和隐喻，在整个印欧语言区，尤其是在德国，人们认为狐狸是有用的动物。在许多故事中，狐狸都会遇到一个年轻人，而年轻人正寻找能够治愈父亲的护身符。狐狸得知后，就会帮助他寻找到护身符。狐狸在消失之前会向年轻人透露，它其实是一个死者的灵魂。这个年轻人虽然并不认识这位死去的人，却依然自掏腰包埋葬了这个可怜人。

在罗马的传统中，狐狸是与植物有关的精灵，这种信仰也体现在很多的欧洲民间传说中。

庄稼对人类生存的重要性在人们庆祝收获的仪式中可见一斑。按照北欧的

传统，人们会庆祝"小麦精灵"的存在。"小麦精灵"是自然世界的一种精灵，并且已融入了某些人类的仪式中。"小麦精灵"以动物的形象存在，会附身于许多动物中，例如猫、狼、狗、公鸡、野兔、山羊，甚至狐狸。人们认为，这种精灵存在于麦田中，精灵以收割者割麦子的速度运动，直到它们在最后一个捆（也称"狐狸捆"）中被捕获或被杀死（即牺牲）为止。砍断最后一捆麦子上的线绳的人会称呼自己为"麦田中的狐狸"。这个名字会被人们保留到下一次庄稼收获时为止。在某些情况下，直呼"狐狸"是被禁止的。有的传统认为不能直接喊动物的名字，因为名字会触发动物的负能量，所以人们会用各种代称来表示狐狸，包括"红色""奔跑的她""长尾巴""木狗""黑爪""树林中的流浪者"，甚至亲属关系的代称，例如"教母"。在这种情况下，由于"教母"一词包含了家庭关系，这个代称又隐含了狐狸"仁慈"的一面。根据语言学家理查德·里格勒尔的研究，用亲属名称来代称一种危险的动物，这一行为本身具有象征意义，即表现了人与动物之间一定程度的亲密关系，从而消除了后者发起攻击的危险。

在东方，更确切地说，在日本，狐狸的邪恶形象逐渐消失，它们甚至受到了人们一定程度的青睐。实际上，在日本的宗教想象中，狐狸是一种与"稻荷"（Inari，发音为"伊纳里"）相关的神灵。稻荷既代表象征"丰收"的神灵，又是一座有神灵居住的圣山。人们了解灵魂的力量之伟大，因此也尊重和敬畏灵魂。人们试图利用自然的力量建立与动物的良好关系，以保护自己的利益。稻荷是象征大米等谷物，以及其他食物丰收的神灵。伊纳里山一直以来都为人们所崇敬，而且山上有很多狐狸。人们因此认为狐狸是丰收之神的化身，或者从另一个角度来看，狐狸是神的使者。这两个对狐狸特质的解读都存在于现实生活中，也增加了狐狸特征的模糊性，模糊了狐狸的定义，增加了狐狸的神秘感，因为不可识别性是神灵的固有特征。田野里跑来跑去的狐狸是稻荷神与人之间的中介。狐狸可以进入神灵的神秘世界，并且知晓人的世界。

在东方，更确切地说，在日本，
狐狸的邪恶形象逐渐消失，
它们甚至受到了人们一定程度的青睐。

人们还认为，作为有"保佑"功能的神灵，狐狸具有向人类警示危险的能力。有些人称通过解读狐狸的叫声能从中判断事物的一些预兆。为了表达对动物的感激，人们经常在村庄的边缘留下部分食物，如豆腐和米饭——人们认为这是狐狸爱吃的食物。

关于狐狸对人的善意还有一个神话。一切始于一对成年狐狸和五只幼崽来到稻荷神庙的那天，人们认为它们的到来是受神的旨意——向人们传播和平与幸福——指引的。人们听到了狐狸的声音，并允许它们进入神殿来帮助人们。从那以后，对信徒来说，狐狸一直是稻荷神的使者，即代表肥沃和生育，以及丰富的食物（大米）。伊纳里山的祭坛上总是有两只狐狸的形象，一只坐着，另一只则垂着尾巴，这都证明了神性与这些动物之间的紧密联系。因此，商人家庭，甚至普通家庭，都设有狐狸祭坛，它们的作用正是保护家庭的福祉和商业活动的成功[46]。

但是，并不是所有的狐狸都是仁慈的。日本传统上将某些狐狸描述为能够控制人身的恶魔，这些狐狸被称为"狐狸恶魔"，永远站在对人类有利的白狐狸的对立面。

邪恶的狐狸渗透到人的身体中，使人过着双面的生活——两个特征共存于同一人体内，形成两个意识。被狐狸附身的人知道自己内在的狐狸所做、所说、所想的一切，他的嘴里会传出两种不同的声音。在日本，人们常使用"狐狸附对人类来说，狼是最优秀的敌人，它们在精神上和身体上都威胁着人类，它们也被认为是恶习的象征。针对这些被视为有害的动物，人类发起了一系列的狩猎和攻击，这最终几乎导致狼灭绝

体"一词表示精神、行为和感知障碍。被"狐狸附体"的人会出现失眠（因为狐狸常在晚上徘徊）、偏爱某些食物（尤其是豆腐和米饭）、震颤等症状。在某些情况下，人们认为被狐狸附体的人可以通过行为来表明自己的状态[47]。然而，一些人认为自己的体内藏着狐狸，是因为他们指望通过狐狸附体来表演巫术。在佛教密宗中，狐狸还可以演化为空行母的形象。空行母可以利用神的力量来吸引对她和她的信徒们有利的事物。

此外，伪装和变身是日本故事中狐狸的特殊之处：狐狸被认为具有女性的特征。在许多故事中，狐狸变身或伪装为女人的形象都反复出现，这代表了狐狸在其人类的皮囊下，有一种邪恶的精神。狐狸擅长利用人精神上的弱点，使人爱上它们。但是，变成人类的狐狸并不总是出于恶意，它们也会坠入爱河，成为禁忌之恋中受伤的一方。

伪装和变身是日本故事中狐狸的特殊之处：
狐狸被认为具有女性的特征。
在许多故事中，狐狸变身或伪装为女人的形象都反复出现。

有个浪漫的故事讲述了一位年轻的武士在某个晚上与一位美丽的女孩相遇。在他的邀请下，这个女孩对武士的好意也做出了积极的回应，她陪着他在星空下散步。这位年轻的武士很快便坠入爱河，在一段时间后，他向她表达了自己的感情。这个女孩却说她已经知道了自己的命运：如果她爱上他，她将会死去。武士却不相信年轻女子的话。最后，她屈服于爱情的诱惑，并与他共度

了一夜。第二天早上，女孩知道死亡将要来临，她再次向心爱的人倾诉，从他
那里要了一把扇子作为纪念。女孩还向他透露，如果武士想确定女孩所说的话
是否属实，到皇宫的墙壁后面就能探查到女孩的命运。武士仍不相信，便去了
女孩指示的皇宫后面，在那里他发现了一只年轻的死去的狐狸，它的头部被扇
子遮住了。他猛然意识到那个女孩的话是真的，立刻绝望地跑掉了。从那时起，
他每个星期都会读一遍《妙法莲华经》，来超度狐狸的灵魂[48]。

狼

我们刚刚了解到狗、猫和狐狸的象征意义，以及不同象征意义之间的矛盾。

事实上，这种矛盾也适用于狼，但其矛盾程度相对小一些。在中世纪，狼因为人们对它们只有极其消极的印象和象征寓意而被边缘化，这导致我们差点忘记了狼。实际上，狼是一种值得敬畏同时又非常神圣的动物。

在古希腊、古罗马的传统中，狼是宙斯的一种表现形式，是代表火星的神圣动物，也与阿波罗有关。在有关母狼的神话中，母狼也是罗慕路斯和勒莫斯的哺育者。

再往前追溯，我们发现狼还出现在埃及的塞斯神旁边，一只有着长长的耳朵，身体的后面长着箭而非尾巴的野狼。此外，狼出现在埃及神话中，如有着狼身的神鸟普奥特。狼在萨乌特城广受崇敬，这个城市也被希腊人叫作"狼之城"。在埃及人和伊特鲁里亚人的传统文化中，狼是灵魂通往来世的向导。

然而，在中世纪，狼被视为人类的头号敌人，甚至被引申为可以从精神上威胁人类的存在，代表人类的恶习，同时也会对人身安全构成威胁。因此，人们开始对这些危险的动物进行狩猎，这一行为导致狼近乎被灭绝。在中世纪被判定为邪恶之物的动物中，狼受到了人们的不少指责。将狼妖魔化是由一系列因素同时引起的：第一，环境危机（12 至 13 世纪的环境危机使饥饿的狼经常在城市和聚落出没）；第二，社会的不稳定状态，促使人们寻找替罪羊；第三，狼的体质和行为学特征突出了其作为"怪物"的构造；最后但同样重要的一点是，基督教将狼与魔鬼联结。对基督教的传统来说，攻击羊群的狼是恶魔，因此狼也就暗示着信徒被腐蚀，以及组织中存在着腐败。狼不仅为魔鬼服务，还顽固地持续挑战着上帝。

狼的体态也暗示了它们的恶行：人们认为这种动物从来没有低下头过，从隐喻的意义上说，从不低头是缺乏谦卑之心的标志。这一看法也是有客观原因的，根据普遍的认知，狼的脖子只有一根很坚硬的椎骨。像猫一样，狼的眼睛也被赋予了神奇的意义：它们在黑夜（代表魔鬼的世界）中闪耀着邪恶的光芒。

这幅画像描绘了热沃当野兽，一种类似狼的怪物，被记载于 18 世纪后半叶，法国

然而同样基于在夜间双眼放光的特征，狼在北欧和希腊的一些传统中则具有完全相反的象征——代表积极和希望。狼作为明亮的象征也存在于中国，例如天狼星是"天宫"的守护者，属于大犬座。狼的另一个突出特点是强有力的吻部，可以吞噬一切，摧毁一切。这一特征被引申为凶猛且贪得无厌。

在古希腊、古罗马的传统中，狼是宙斯的一种表现形式，
是代表火星的神圣动物，也与阿波罗有关。
在有关母狼的神话中，母狼也是罗慕路斯和勒莫斯的哺育者。

在中世纪，狼不仅对羊群构成威胁，对人类而言也是危险的存在——最著名的是让人闻风丧胆的以狼为原型的"野兽"。该野兽出现在 18 世纪法国热沃当地区，据当时记载，数十名居民被野兽攻击至死，给当地人造成了重大恐慌。人们恐慌地谈论这难以捉摸、令人生畏的野兽。在后续捕杀狼的过程中，人们一次又一次地声称找到了这个来自地狱的生物，于是继续对狼大肆捕杀。因此，

人们对狼的屠杀并没有终止过，并且受到了政治和宗教的煽动和奖励。

在北欧的一些传统中，狼并不会吃掉人，而会吞噬掉天上的星星，因此狼也代表宇宙的消亡，是"地平面上裂开的地狱之口"[49]。

再来回溯狼在中世纪的形象，狼的人类学含义使其成为邪恶的象征。狼首先代表了魔鬼、异端（异端也被称为"撒旦狼"）、罪恶和欲望。在拉丁语中，母狼（lupa）代表"妓女"，而"lupanar"则表示妓院。

此外，狼也象征着生育。罗马人的祖先罗慕路斯和勒莫斯被一只野狼哺乳，爱尔兰高王（即国王）科马克（Cormac）也是如此。狼和人具有相似性，这一点也令人感到很恐惧。正如我们在萨满教教义上看到的熊，熊与人的相似性表现为两者都是直立行走的。狼和人的相似性则是高效的社会组织能力，这让我们联想到人类的结社活动。此外，相似性还存在于对食物的竞争方面：狼和人吃相同的食物（即相同的动物蛋白），这在饥荒时期成为人与狼的突出矛盾。

在许多传统中，一些现象缩短了人与狼之间的距离：人和狼具有某种程度的亲属关系，或狼是人类的蜕变和兽化。除了魔法师和女巫以狼为幌子扮演恐怖的"反人类"角色外，有些人似乎能够将自己变成动物。想一想印度、欧洲、北美和西伯利亚地区萨满巫师的习俗，他们常会以动物皮（尤其是熊和狼的皮）来伪装自己。我们将在一些北美的群体文化中描述熊的仪式。

在许多传统中，
一些现象缩短了人与狼之间的距离：
人和狼具有某种程度的亲属关系，
或狼是人类的蜕变和兽化。

在欧洲，熊皮战士的现象一度很普遍。在欧洲的日耳曼人文化中，骁勇善战的人被叫作"熊皮战士",他们披着熊皮,以无可匹敌的勇气战胜了敌人。不仅熊是这种伪装和变形的主角,狼也是如此。谁穿上狼皮,谁就会被认为是狼的化身,也称"狼人"。狼人获得了动物的特征和行为,特别是凶猛和不可预测性。

一些传统认为,狼人是从人类转变而来的。狼人来源于一种关于食人族的信仰,来源于宙斯在阿卡迪亚地区的里凯欧斯山被崇拜的故事。在里凯欧斯山,祭祀中使用的牺牲是活人,而人们认为谁若是吃了人肉,谁就会变身为狼人[50]。狼,无论是人类变态的结果、女巫的化身,还是魔鬼的化身,在本质上都是消极的象征。在中世纪,狼对人类的危害使人类加深了对狼的仇恨。

狼比其他任何动物更能体现人的恐惧。在某种意义上,我们可以说狼是动物中动物性最强的。在过去的几个世纪中,人们经常以"野兽"指代狼。

对狼的刻板印象源自人类倾向于将一些未知的、未经历的、不利的、"不同的"现实归类为"怪物"的象征性事件。尽管对其没有明确的定义,但从总体上来说,动物代表着最大可能的多样性,即动物通过与人的比较获得了一种身份。动物脱离理性,具有不可知的、神秘的面孔;它们是一面镜子,是人心灵的投射,继而被反射变形了。

人类害怕动物,是因为动物属于一个与人类不相适应的现实——人类在其中只能笨拙地活动。人类对动物的态度从恐惧变成仇恨,现在变成敬畏;当神圣性通过动物表现出来时,动物就变得恐怖,神圣性变得有形了。

在人类不断变化的想象中,真实的动物变成了"怪物":在某种意义上,动物不是"虚构出来的"(例如喀迈拉、半人马、凤凰),而是被想象出来的,是被文化和符号构建的。

ANIMALIE
SOVRANNATURALE

超自然
的动物

动物与未来：动物占卜

什么是占卜

从常识上讲，"占卜"（或"施咒"）似乎是古代的、与我们现代社会相脱节的遥远的习俗，却也为我们留下了不少我们习以为常的表达，如"祝福"和"好运"。我们发现当下的礼仪和行为潜在地与古代的预测和安抚仪式相关。很多人类文明在我们的语言中留下了印记，尽管语言的具体形式有所变形，但仍然存在于我们的文化背景中。

"祝福"（augùrio）一词来源于拉丁语的鸟卜术（augurium），鸟卜术是一种预测鸟类行为的活动。通过鸟卜术，古罗马的祭司们试图了解神意并预测未来。同样，当我们祝愿某人会拥有一个积极的事件时，我们会表达一个"愿望"（auspicio，源自拉丁语中代表"鸟"的 avis 和代表"观察"的 specio），也就是说，"愿望"（auspicio）这一词语同样指向对鸟类的观察。

在古埃及，阿努比斯神以胡狼犬的形象受到人们的崇拜，被公认为可以引领死者至来世

在犹太教和基督教文化中，占卜被归类为宗教迷信：对宗教来说，占卜是
对未知事物的一种亵渎和非法的尝试，也为科学所排斥；科学毫不犹豫地抓住
了在我们的想象力、毛细血管和精神深层的那些预言与神谕的信仰残余。占卜
在意大利的社会生活中扮演着边缘角色。相较于其他信仰、仪式和异端而言，
基督教被认为是更优越的信仰，人们通过基督教来认识和尊重更高层次的存在。
因此，在意大利文化中，宗教思想与神性思想（即占卜）是分离的，这也是被
非宗教道德承认的。

相反，在意大利之外的文化环境中，如在古希腊、古罗马和美索不达米亚
文明中，占卜和宗教是不可分割的，它们相互补充，共同形成了我们所说的"神
奇的宗教思想"。

这种将自己的视角投射到未来，以穿透当下，预见未来，撕开未知事物的
面纱并庆祝神圣活动的行为，都体现了人类对现实无法理解的那些方面，以及
世界上神秘到无法描述的迷人又奇特的事物。

在古希腊、古罗马和美索不达米亚文明中，
占卜和宗教是不可分割的，
它们相互补充，共同形成了我们所说的"神奇的宗教思想"。

在所有的民族中，魔幻思想或者宗教思想以其最丰富的表现形式体现了人
类的认知压力：恐惧、对秩序的需求，以及发自内心的崇拜。因此，人类会赋

予黑暗以意义，决定什么是不可言说的。人类还会把秩序打乱，建立一系列表达崇拜的符号，生成一个可以共享的符号库。更具体地说，在预言中，对人类状况的各个方面，人们试图通过占卜这一行动解决认知上的空虚和晕眩。占卜为人类提供了什么？是西塞罗在《论占卜》中称为"对未来事物的直觉和学习"的科学吗？的确，占卜是古人试图了解未来、决定现在、解释神之语言的技术和行动。

在我们的文化中，占卜的显著特征也会显现出来，哪怕只是雏形而已。这些特征在复杂的现代制度化的信仰中没有存在的空间，在官方思想中也没有得到认可。询问神意不只属于传统，也是所有社会组织中常见的现象，例如抛硬币预言、使用塔罗牌、解释梦境、通过星位预测，这些活动都回应了人类渴求了解未来事物的愿望。占卜与魔法回应了人类对了解未来事物的渴望，为人类在模棱两可、风险重重、疑神疑鬼的情况下做出选择和行动创造了条件。

通过对民间传统的分析，我们可以看到，与巫术占卜有关的仪式是如何与宗教信仰融合在一起的：在人类面临巨大危机的情况下，宗教信仰激发了人类的行动力，而与巫术占卜有关的仪式则为将人类从静止状态中解救出来，以及将人类从命运的僵局中解救出来提供了一个工具，让人类有勇气尝试改变命运。

动物和魔法占卜的维度

正如我们所看到的，动物形象在人类的想象力中是如此根深蒂固的，以至于它们可以被描述为特定的原型。动物行为学、心理学和教育学的研究表明，人类对动物有着与生俱来的亲近倾向，人类认识动物、接近动物是为了满足人类的内在需要。

动物总是存在于人类的想象中，使人类的梦想充满活力。人类的恐惧、欲望和挫败感都在动物身上体现出来。动物是象征，是原始的内容，是可以代表一切的符号。动物形象是人类诞生以来最常见、最普遍、最熟悉的形象。

动物形象，就是我们描绘动物的方式，不重叠或依附于动物的真实形象，被用于一系列依托动物形态的神话，使儿童世界的野兽更生动，并且持续出现在成人世界的动物学研究中。此外，思考动物，以及探索它们的多样性，仍然是对动物现实的一种"解释"，是一种认知活动，文化过滤和传统观念在其中发挥了重要作用。民族志为我们打开了一扇观察和了解动物世界的窗口：它给了我们发现错误视角并加以纠正的机会，减轻了动物在人类的刻板印象中固有

埃及亡灵之神阿努比斯的形象。从远古时代开始，胡狼犬就与死亡和地狱联系在一起

特征所占的比重。

尽管这是一项把人对动物的想象理性化的工作，动物可以被想象的这一特质并不会因理性化而消失：它们存在于科学的描述和定理中，也存在于仅仅将动物描述为生物聚集体或物体的极端简化论中。动物科学的复兴并不能阻止我们再现"沉睡"的想象中隐藏的信息，例如狐狸是狡猾的，狮子是勇敢的，猫头鹰是死亡的使者。因此，我们面临动物象征的两个方面：一方面，动物以集体形象出现时，是不可被简化的存在；另一方面，有些动物形象不属于动物却又经常被人类归附于动物，比如"替罪羊"。

在分析人与动物之间关系的形式时，我们必须考虑到这些因素。动物符号的多样性反映了人类的矛盾态度。人类一会儿把动物当作信使或神性的表现，甚至是上帝的化身；一会儿又羞辱它们，把它们当作简单的生物来操纵。

自史前时代，人类就开始了对动物形象的崇拜——洞穴壁画就是见证。不同洞穴的壁画大部分都是动物形象——其中有一小部分会描绘受伤动物的形象，这可以追溯到狩猎的安抚仪式，其余的洞穴壁画大多表达了人们唤起超人力量的愿望，以及与动物相关的庆祝仪式。此外，人类常常在动物身上认识到神性的表现形式，或者说是神迹，并因此而崇拜动物。举个例子，想想古埃及神圣的动物崇拜，这里只列举一些古埃及具有动物形态的神明，比如托特（朱鹮）、芭斯特（猫）、阿努比斯（胡狼犬）。

在其他情况下，动物在人与超自然之间扮演着中间人的角色，就像在祭祀、占卜、萨满教中扮演的角色一样。从更宏观的视角来看，这种动物代表了人类减少认知空白的一种尝试。在一个非人造的世界里，动物的存在对人类来说就像一个立足点，一种确定性，或者说一线希望；正如我们在占卜学中所观察到的，动物变成了现实的模型（即宏观世界的一个缩影），以及我们了解未来命运的"先知"（想想那些我们认为可以预示未来的动物）。有时，动物也被认为是触发一系列未来事件的原因（即动物决定和创造未来）。

动物代表了人类减少认知空白的一种尝试。
在一个非人造的世界里，动物的存在对人类来说
就像一个立足点，一种确定性，或者说一线希望。

　　动物是在黑暗中照亮人类道路的哨兵。与动物相比，人类在适应和感知现实的过程中往往表现出天真、自发、原始的依赖。动物作为一种经验典范，是激发人类好奇心的源泉，因为人类这个物种的身上缺少特定的、先人遗留下来的特征。动物多样性的主要特征是有限的感知能力（视觉、听觉、嗅觉等），它们的这一特点在行为学框架中时常被误解，这正是因为超人类的现象往往与超自然因素联系在一起。最后，人与动物的不同关系可以放在两个很基本又相反的趋势之间：一方面，动物产生的负面投射导致一些人远离动物；另一方面，动物与人之间亲密的、在家庭领域的共享与积极的表现，让动物在人类家庭领域中的角色往往是与人平等的，或者是人类的"家长"。

　　在这种关系的背景下，情感因素作为驯化过程的引擎，其重要性不应被低估。这意味着，野生动物会被人捕捉并饲养，让人享受这种彼此共存的乐趣，也创造了一个不用工作或完成生产项目，而仅用于陪伴和满足审美需要的动物世界。

　　动物时而是物体，时而是神；时而被深爱，时而被杀害；时而是人类眼中的他者，时而又是人类自我的投射；时而被崇拜，时而又被忽视。这些关系表明，从一开始动物对人类来说就是不可或缺的存在，人类的历史是以动物的"爪"书写的，甚至往往是以动物的血书写而成的。我们会在后文进一步讨论动物的"牺牲"形象，以及动物的神圣作用。现在让我们想想，人类是如何经常把自

在古埃及，托特是代表创造性的神灵，也
是写作者和魔法师的保护神，通常以朱鹮
的形象出现

己的命运、和平或战争的趋势、国家的命运交给随意的动物行为的。无意识的
动物决定了许多人的命运，例如古罗马的政客会通过鸟的飞行或歌声来进行决
策，经过"深思熟虑"后决定军事行动、政治任务、选举策略等。

古罗马的政客会通过鸟的飞行
或歌声来进行决策，
经过"深思熟虑"后决定军事行动、政治任务、选举策略等。

太阳神"拉"化身为巨猫，砍下了阿波菲斯蛇（即混沌之神，也是邪恶的化身）的头。
在古埃及，猫有着积极的意义，女神芭斯特也有着猫的外表

通过动物，人类看到了一个象征多维现实的边界——在过去和未来之间，在生与死之间，在自然与超自然之间振动。动物媒介跨越界限，也超越了自身的自然状态。动物因为具有非凡的力量，它们被我们视为神奇的存在；人类通过动物的行为或烙印在它们身上的印记，可以实现与超人类世界之间的交流。在这种情况下，占卜便是在事件中不断寻找意义，在混乱中寻找秩序，在符号中寻找讯息的基础。占卜不仅是对挫折（疾病、死亡等不幸事件）的情感反应，还为人类提供了一种思想体系来掩饰答案的缺失。

通过动物，人类看到了一个象征多维现实的边界——
在过去和未来之间，在生与死之间，
在自然与超自然之间振动。

在第一种情况下，动物的身体构成了符号的物质支撑，因此占卜师会通过被处死的野兽的内脏、肩胛骨或龟壳进行占卜。在第二种情况下，占卜师观察的对象是动物的行为、行为元素（运动和运动的方向、语言、脚印），这些行为要么是动物自发表现出来的，要么是人为干预的。在后一种情况下，人为干预应准备背景和沟通渠道，通过背景和渠道可以表达预期的信息。所有物种的动物都可以成为预兆或成为超自然实体的表征，它们具有积极或消极的含义，在人类的神奇想象力中的作用因文化而异。对某个动物的特定观念在不同背景中可能有很大的不同，因此动物在不同背景下的象征意义繁多。但是，某些动物，例如猫头鹰，不同文化区域对它们产生相同印象的概率更高。

在古罗马的早期文化中，人们会通过对动物肝脏和肠道的观察来预测未来这种阐释的多样性，直接源于这一事实：人对动物的观察活动是解释性的。

在一组可被观察到的特征中，人类会仅为某个目的而选择一些特征，因此被选择的这些特征会因文化的不同而产生不同解读。例如，在古埃及，猫被认为是神圣的；在中世纪的巫术中，猫被认为是恶魔般的存在；在佛教中，猫被视为智慧的象征。

尽管如此，一些特定的品质似乎被附加到人的选择性感知与解读中，来定义动物的象征功能。鸟类的飞行能力就是一个很好的例子，猫的夜视和半驯化也是如此。但所有元素都需要进行象征意义的修改。因此，对同一种动物，从一种语境到另一种语境，可能会有不同的甚至完全相反的符号内涵。我们也将分析这种动物被赋予特殊力量和神圣角色的文化现象。

我们在文化中对动物性的负面记录远多于正面记录，或认为动物是客体，则说明人类与动物的关系更多时候表现为对立性。与动物性保持距离或亲近是人与动物关系的结构性对立特征，这种关系类型随着动物在人类文化中所扮演的角色转变——从对象动物（意味着将动物作为物质使用）转变为"善思"动物（将动物作为认知符号使用）——而发展出各种各样的关系类型。

人类总是通过与动物性的对抗来定义自己的人性、文化、自然，而这也辩证地产生了一个投射的过程，如同一场镜像游戏，人与动物之间的界限从未被明确划定。这种两极性的分离非但不是自然的，而且是一种防御性的文化建设，人类因自己是动物世界的一员而感觉受到了威胁。如果我们把人与动物之间的分离对应到各种文化背景中，那么在犹太教和基督教文化盛行的国家（如意大利）中，动物已经被戏剧性地强调为邪恶的存在、恶魔的实体，而事实是动物侧面引导了人类提高自己的品德。尽管人类围绕动物性和自然条件做离心运动，但人类文化始终有一种相反的，甚至是和解的倾向，即与自然王国"重新连接那根断开的线"[51]。这种倾向也表现在人们把神奇的功能附加在动物身上，动物被赋予了跨越已知界限和携带超自然信息的能力。多亏了这种关系上的恢复，人类才从孤立状态中走出来，认识到人类与他者之间丰富的相互影响的作用，并重申了人类与动物不可分割地联系在一起的亲和力，这就是人类与其他生物一起在这个星球上生存的奥秘。

人类文化始终有一种相反的，
甚至是和解的倾向，
即与自然王国"重新连接那根断开的线"。

占卜的类型

占卜的主要目的是了解未来，解决当前的疑问，它不可避免地预设了一个调查对象，即存在一个有序的宇宙，由一个面向目的的"项目"产生，由逻各斯（理性思维）或阿南刻（必然性）等原则调节。这个"项目"表现出的世界有它的符号，它本质上是一个"书面的"世界，一个需要解释的世界。因此，这些符号不仅指超自然实体或原理的存在，还暗示了与它们建立交流的可能性。

罗慕路斯和勒莫斯试图通过对鸟类的飞翔进行解读，确定二人中的哪一个来执掌政权。此画作绘于 16 世纪

但是，这些符号是什么性质的，用什么样的"沟通代码"来表达神的语言呢？首先，必须要说，在这样一个定性的宇宙中，一切都是符号：这个宇宙的每一个元素都可以被写成一本指代其他事物的书，也就"意味着"某种事物。预言类知识的交流渠道有很多种，例如神可以通过自然奇观、神谕或动物行为来表达自己。这种选择必须与占卜行为发展的文化背景有关，特别是与交流形式和基本理性有关：这意味着在口头文化中，口头语码（受神性启发的先知所说的话）被优先考虑；书面文化则倾向于"阅读"和解释神在世界上留下的符号，例如内脏的解剖结构、用于祭祀的动物骨骼上的裂缝、鸟类的语言。

在古代文献中，我们已经发现了划分占卜类型的依据：意识的改变或觉醒状态。柏拉图区分了两种类型的预言：灵感类和演绎类。就占卜行为本身而言，西塞罗将技术型占卜与非技术型占卜相对立，分别以技巧式和启发式来指代这两种预言。

启发式的预言（即非技巧式的预言）提供了一个暂时的心理改变状态，在此期间先知的接受能力让他成为神圣信息的载体。事实上，我们注意到，希腊语中表示占卜的词语 mantiké téchne，在词源上与 maìnomai（疯狂）这一词很接近。

由此，我们了解到，古希腊的占卜主要是启发式的：启发式占卜让人捉摸不透，却也让人信服，因为神（例如得尔斐神庙的女祭司皮提亚[52]）会通过与先知（例如代表预言的鼻祖阿波罗、狄俄尼索斯、缪斯、厄洛斯）对话来进行占卜。然而，演绎类预言或技巧类预言排除了意识的改变，因为人被赋予了充分的心智，来把握和解读各种符号的价值。

柏拉图区分了两种类型的预言：灵感类和演绎类。

正如我们所说，从占卜的角度来看，世界被视为一个伟大的工程，其中的每一个元素都可以作为一个超人类秩序的标志。

对公元前 6 世纪的哲学家赫拉克利特来说，顿悟背后的神性"不是揭示神的思想，也不是隐藏它，而是暗示它"。顿悟是基于人类已建立的符号的诠释技能，并为每一个事实或符号赋予特定意义。对所观察到的现象，如果有人们不能理解的部分，这就必然会归咎于人类的无能。因此，我们在西塞罗的《论占卜》[53] 中可以读到：

斯多葛学派不承认神性存在于失去生命活力的肝脏上的个别裂缝中或鸟的个别歌声中，或者说，斯多葛学派认为人们不能以这样的方式来解读神的尊严。但是，斯多葛学派也承认某些神圣事件发生之前会出现某些征兆，有的征兆在祭祀动物的内脏中，有的在飞鸟的飞行痕迹中，有的在闪电中，有的在奇迹中，有的在星空中，有的在梦境中，还有的在被入侵者的呼喊声中。理解这些迹象的人很少会被欺骗。错误地做出预言和解释是一种浪费，但这不是因为现实出现问题，而是因为解释者的经验不足。[54]

根据公元前 3 世纪的雅典历史学家菲力克罗的观察，技巧式预言使用的方法有观察鸟类的飞行、举行祭祀仪式、使用符号等。我们将在后文更深入地讨论与技巧式预言相关的、用动物进行的技巧式占卜（如骨卜、龟卜），以及其他使用动物符号的占卜，例如鸟卜。

鸟和预言

在古希腊，启发式占卜占主导地位；在古罗马，最受认可的做法是通过纯粹

右图是位于塔尔奎尼亚"占卜之墓"的伊特鲁里亚壁画，壁画记录了两个场景。伊特鲁里亚人是鸟卜能手。正是由于伊特鲁里亚人对鸟类的观察，罗马人才从他们那里学会了占卜

的思想活动来理解语言，做出预测，例如试图解读鸟类的飞行和歌唱的鸟卜[55]以及通过检查内脏来获得信息的脏卜。

鸟卜，是建立在明确的法典化规则之上的制度化的占卜系统：人通过理性的解释，从鸟类的行为中得出预言。

鸟类飞行的方向、啼鸣声、进食方式、对所栖息的树枝的选择，以及与这个物种的行为特征有关的其他细节，同样是预言者解读信息的关键。人们认为这些特征可以预示众神对人类的某些行为是否感到愉悦。

在罗马，在举行选举之类的公共活动之前，人们都会通过鸟卜预言术来询问众神，并为公众提供赞成或反对的意见。这种做法的操作者，以及具有政治影响力的人、具有占卜知识的人，都被称作"卜师"——一个由掌握着预言技术的人员组成的学院团体，团体成员从一开始的3名扩充到16名。

如果没有提前咨询过众神的意见，人们不会做出任何政治或军事决定。接下来让我们详细了解鸟卜是如何进行的。卜师用一种被称作里图斯的曲棍来圈出被观察的天体和符号的范围。这个空间被称为天殿（templum，这个词在当时被用来表示被卜师选择和观察，并用于相关宗教活动的地块的周长）。伴随着卜师的祈祷，人们会静静等待神迹出现。卜师探索天殿，当有动物飞抵天殿时，卜师会将所看到的动物的特征（来自哪里、物种、叫声）与它们的超自然价值相对应。

在 15 世纪，古比奥发现的 7 块伊库维姆牌铭中，我们发现了古代记录最
重要仪式的文本，其中详细描述了在某个场所中用动物祭祀的过程。

在罗马，在举行选举之类的公共活动之前，
人们都会通过鸟卜预言术来询问众神，
并为公众提供赞成或反对的意见。

圣火师（即古罗马的祭司官）会在一个帐幕中观察，如果在先前划定的天空中看到如下吉兆，则代表好运将至："西方出现绿色啄木鸟、冠小嘴乌鸦，或者东方飞来啄木鸟、喜鹊或其他鸟类，以及其他祭祀信息出现。"[56] 对古希腊人和古罗马人来说，绿色啄木鸟是火星上一种神圣的鸟，它们是一种令人安心的、充满希望的存在，与神圣的知识联系在一起：传说，古罗马神话中的国王皮库斯通晓占卜艺术，他也是一位占卜师，但被魔术师瑟西变成了一只啄木鸟。

在神话中，冠小嘴乌鸦与女神密涅瓦（古希腊人称其为雅典娜）有关；而在普林尼的《自然史》[57]中，乌鸦被认为是"一种口吃的、预示坏兆头的鸟，即使有些人说乌鸦很好"。

西塞罗的《论占卜》、维吉尔的《牧歌》和喜剧作家普劳图斯的《驴的喜剧》中都记载过关于乌鸦的积极内涵。普劳图斯在《驴的喜剧》的第二幕中写道："恩典已经完成，问候也已达成，到处都是邀请我的鸟。我的左边有啄木鸟和冠小嘴乌鸦，右边有大嘴乌鸦。这三只鸟都同意给我一品脱（美酒）。我遵从你们的意愿。"[58]

从这些例子中，我们可以看出，预言之所以有其意义，有两个原因：

◆动物本身具备积极或消极的内涵。

◆动物的空间位置可以使符号的含义反转：乌鸦一直具有消极含义，但是它们从左边飞来或正在"唱歌"就意味着吉祥将至。

符号反转的"代数规则"似乎在启发式占卜中占了上风：就像数学运算中的负负得正一样，在鸟卜学中，一种不利的语境（例如乌鸦出现了）遇上不利的兆头（从左边飞来）反而会产生积极的预兆。

在其他文化中的啄木鸟

在其他文化中，啄木鸟也被引入了预言的领域。啄木鸟在塞芒文化（这种文化集中在以狩猎和采集为主的马来半岛地区）中具有积极的含义，因为啄木鸟可以带来火。啄木鸟在波尼（族）印第安人（最初来自美国的南部平原，现在集中居住于俄克拉何马州）的心中是人类的保护者。波尼（族）印第安人在一种名为哈寇的仪式中使用羽毛来祈求生育和生命的再生。分析心理学家荣格认为，啄木鸟可以代表人格原型中寓意思想解放的自由女神的形象。

喜鹊在西方文化中是一种具有负面象征的鸟，尽管喜鹊被古人认为是像燕子一样"健谈"的鸟。在希腊传说中，色雷斯的九个少女在参加歌唱比赛时因为敢于挑战四位缪斯，最后被化身为喜鹊。欧洲的民间传统也给这种动物附加了负面含义：喜鹊习惯于从人类的家宅中偷一些发光的东西带到自己的巢穴里，因此被人们描绘成小偷。

除此之外，在古代占卜中起着特殊作用的鸟无疑还有古希腊的乌鸦和古罗马的公鸡。

公鸡和乌鸦：公鸡占卜和乌鸦占卜

神圣的公鸡

在古罗马，公鸡占卜的一种形式是用公鸡来占卜，即观察被认为是圣鸟的公鸡（也称圣鸡）的食欲。因此，饲养公鸡是出于占卜的需要。在这种情况下，

Odinn

Múni

Hugin

þetta kÿmid Cont
rasëÿ kargardna
dú þiödur adúr
Dÿrdka Om zä
mëÿ Er Onú
dú Villú Slöd
sem er Odins
Bÿlæte

174

被发现于 *17* 世纪的文学著作《诗体埃达》中的插画。画中的奥丁带着自己信赖的两只乌鸦——它们的名字分别是"福金（代表思维）"和"雾尼（代表记忆力）"

就像所有鸟卜的过程一样，预言者会向众神提出一个二元问题，例如："您是否赞成我们将要采取的行动？"答案就在动物的行为之中。如果圣鸡贪婪地啄着祭司分发的食物，甚至喙中都掉下几粒谷物，则被视为众神认可的标志。

在每个重要的公共事件发生的前夕，人们都会举行公鸡占卜。公鸡占卜为观察非随机、预期的迹象提供了背景，这种预言活动在城内和郊区都会举行。在军事行动期间，民兵会围着圣鸡，进行战斗前的"询问"。

老普林尼对公鸡的描述很有趣："它们是经常凝视着天空的鸟，尾巴像镰刀一样弯曲。"[59]

这些圣鸡被认为是专业的星占师，它们也意识到了自己的旺盛体力，因此敢于恐吓最可怕的野兽——狮子，它们甚至每天统治着古罗马的公共生活。老普林尼在《自然史》中写道："这些圣鸡推动或阻止了罗马军队，它们命令或阻止了军队的部署。这是取得所有胜利的保证。"[60]

阴郁的乌鸦

在古罗马的社会生活中，圣鸡本身就构成了一种鸟卜学的分类。在古希腊，人们以同样的方式在另一种鸟类（乌鸦）身上创造了一种独有的对"预言"的热情。

又黑又亮的羽毛、铿锵而诡谲的声音，以及特殊的进食习惯[61]，都是乌鸦的显著特征。乌鸦的特征引发了人们对其诠释的双重性：在某些传统中，这种动物与不幸和死亡相关，而在其他传统中，乌鸦具有积极的内涵。

在日本，乌鸦是神的使者；在中国，乌鸦是太阳鸟；在一些非洲文化中，例如在刚果的利库巴和利库阿拉，乌鸦被视为能向人们警示迫在眉睫的危险的保护性动物。

在凯尔特人的传说中，乌鸦具有预言的作用。对高卢人而言，乌鸦是神圣的。在日耳曼神话以及斯堪的纳维亚神话中，乌鸦与众神之王奥丁、魔术、智慧、冒险和战争有关。

奥丁将两只乌鸦抱在怀里，它们的名字分别是"福金（代表思维）"和"雾尼（代表记忆力）"。这两只乌鸦是奥丁身边孜孜不倦、专心致志的合作者。奥丁在黎明时分将乌鸦带到世界的四个角落，从而观察世界，当它们返回时往往已是夜晚。

动物和语言

在交流过程中，对相互理解的渴望不仅存在于人类语言中，也存在于动物语言中，并涉及"世界存在一种始祖语"的怀旧假设。根据某些文化，有种"天堂般"的原始语言为人和动物所共同理解。

根据其他传统，这种原始语言恰恰来自鸟类的歌声。在这方面，我们不要忘记鸟鸣声和音乐之间的紧密联系。实际上，鸟鸣声突破了语言的限制，其既可以用于交流又可以用于单向表达，因此证明了自然与文化的不可区分性。

人们对原始生活的遥远记忆仍然存在于不同的文化传统中。这些文化传统都保留了人与动物之间互惠互利状态的流逝所导致的失落感。现在，人们又将"魔幻"的特质赋予动物，使它们能够与众神交流，去了解人类被排除在外的现实。

　　在那些由经文、语言和神谕构成的巴别塔中，只有少数人能够理解动物在说什么。这种特权出现在与自己的辅助性动物进行交流的萨满、法师，以及一些基督教传统中的圣徒身上（例如圣高隆邦或圣方济各甚至用言语驯服了狼）。

　　这一派别还源于某些古代的预言学家，例如卡尔卡斯、特伊西亚斯和墨兰浦斯。

　　墨兰浦斯可以避免出现房屋一处倒塌，正是因为他已经掌握了正在蛀蚀横梁的木虫的语言并能与其沟通[62]。

　　根据其他信仰，有些动物会理解人类的语言，例如熊在北美某些文化中是萨满教的核心形象。根据纳瓦霍人和皮马人（位于亚利桑那州的土著族群）的说法，熊即使在千里之外也能听到并理解人的话。

　　一般来讲，围绕动物语言的论述，人们会提出动物是否有"思想"这一古老的辩题。我们确实被动物的交流方式吸引，最重要的是，我们想知道其背后是否存在思想、良心或某种意图。我们认为动物个体能否获得"主体"地位是至关重要的要素。

　　伏尔泰向那些认为动物缺乏知识、语言和感觉的人讲了以下这些话：

　　我和你说话，所以你判断我有感觉、记忆力和想法？好！那我以后就不对你说话了。你会看到我带着惆怅的情绪回家，焦虑地寻找一张卡片。我打开壁橱，我记得之前把卡片锁进了壁橱。很快，我找到了它，我高兴地看着卡片。如果你基于这些推断出我有过痛苦和愉悦的感觉，认为我有记忆和知识，那么请以同样的方式判断这只狗。这只狗再也找不到主人了，它在痛苦的哭声中找遍了所有街道。不安的哭声四处回荡。它来回寻觅，从一个房间到另一个房间，最后在他的书房中找到了主人，它看到它热爱着的主人，它欢快地跳着，它轻抚主人，向他证明自己的喜悦。而野蛮人，面对这只不会轻易赢得人类友谊的狗，只会把它钉在板上并活活解剖它，然后向你展示狗的那些血管结构。当然，你会在狗的身上发现与你相同的感觉器官。但请回答我，狗是否也有内心的情感，甚至其自身都没有察觉到的情感？狗又是否会有一些敏感的神经呢？[63]

对上面这段文字，我们需要思考的是"是否会说话与是否有权利之间是否有密切的关系"。我们应该记得，从伏尔泰时代到动物保护运动兴起的当下，为争取动物权利而进行的活动主要关注的正是这个问题。最近，人与黑猩猩进行交流的实验十分理想地体现了这一思想。一些黑猩猩对手势语言的熟练掌握，突显了其交流技巧和未被人发现的意识，并标志着物种间交流的历史性进展。这也引发了一个名为"类人猿项目"的道德议题，其目的是"调查黑猩猩和大猩猩等不同种类猩猩的道德状况，并将某些动物和人类归为同一种属"。这些"会说话"的动物已经从人类那里学习了一种新的语言，而这样的机会也使人类能够学习一些宝贵的东西。正如道格拉斯·亚当斯和马克·卡沃尔廷（"类人猿项目"的两位学者）所说："也许这不意味着动物需要学习一种语言，而是意味着我们曾失去了一种语言。"[64]

罗马帝国的苏埃托尼乌斯认为，乌鸦会发出警告："咔啦哑！咔啦哑！"这声音代表着"明天！明天！"的含义[65]。

在古希腊，大嘴乌鸦、天鹅和麻雀鹰一起被奉献给了预言之神阿波罗，其中乌鸦被认为具有先知的特征。绝佳的行动能力、敏锐的智力和与人互动的意愿，使乌鸦在当时的占卜图像中居于重要地位，甚至令占卜者进行专门化分类也以乌鸦为名。古希腊称占卜者为"korakomanteis"（该词来自希腊语中意为"乌

乌鸦最主要的"负面"象征仍然存在于欧洲民间传统中：这种代表宿命的神秘之鸟的魅力似乎经过了几千年的飞行也丝毫未减，直抵我们当代人的想象空间

鸦"的 kórax 一词和意为"猜测"的 mántis 一词）。与此同时，乌鸦最主要的"负面"象征仍然存在于欧洲民间传统中：这种代表宿命的神秘之鸟的魅力似乎经过了几千年的飞行也丝毫未减，直抵我们当代人的想象空间。尤其是在意大利的民间传统中，大嘴乌鸦与猫头鹰都被认为是代表"坏兆头"的鸟。在远行前、婚礼当天或新年的第一天发现乌鸦飞过，都是不好的信号。乌鸦还具有鸟类共有的特征。一些学者认为，由于具有飞翔的能力，鸟类已经从感知层面在动物学分类框架内被分为一个单独的类别。对鸟类的符号化，人们强调了这些有翼动物的特殊特征，并以丰富的方式利用了与其周围环境相关的元素，例如天空意味着向上飞行的积极含义（通常与精神上的高度相关），克服并抵抗重力，实现空中运动的轻巧性。鸟类是天空的居民，通常被人们赋予与众神交流的力

量。尤其是在受凯尔特文化影响的亚利桑那州霍皮（族）印第安人以及古希腊和古罗马的传统中，就像在印欧语系的所有民族的传统中一样，鸟类学非常重要[66]。

在古希腊，大嘴乌鸦、天鹅和麻雀鹰一起
被奉献给了预言之神阿波罗，
其中乌鸦被认为具有先知的特征。

但是，鸟类并不只扮演使者的角色，其有翼的形象也隐喻灵魂脱离（在死亡或萨满升天之后）以及人类精神或天使（来抵抗物质束缚的沉重感）。

鸟类的歌声、觅食声、颤抖声、让人类安心的声音（想想鸟鸣突然停止时所引起的人的忧虑状态）等各种声音，都让人产生好奇心和欲望来建立物种间的交流，或解释人类脑海中的超自然信息。因此，理解鸟类的语言就是理解天堂的语言。

所有动物交流的声音都吸引了人类的注意力，但是由于鸟类声音的多样性，鸟类是动物世界中最"健谈"的。在人听来，鸟类是真正"会说话的"动物。例如，法语中表示"行业术语"的 jargon 一词，在古代其实是指鸟鸣声。可以看出，人们总是尝试翻译动物的语言，试图在鸣叫声中识别出我们可以理解的语义。如同前面提到的乌鸦或猫头鹰的叫声，俄罗斯人认为它们发出的声音是"spljù, spljù"，并且认为这是它们在黑夜里表达"我要睡觉，我要睡觉"的"想法"[67]。

正如我们已经说过的，鸟类的这种语言不仅可以被人类理解，还是超自然信息和警告信息的载体。

在意大利的民间传统中，乌鸦和猫头鹰都被认为是带来"恶兆"的鸟

由于声音的多样性，鸟类是动物世界中最"健谈"的。
在人听来，鸟类是真正"会说话的"动物。

对夸扣特尔人（北美洲西海岸的印第安人）来说，乌鸦能够预见未来。当地人还可以与乌鸦用歌声进行交流。就像古希腊的文化传统一样，对夸扣特尔人来说，解释预言也是专家的特权。例如"ga ga ga ga"表示"一些勇士正在向我们进攻"，"xwo xwo xwo"代表"捕捞鲑鱼是不当行为"，"gus gus gus"预示着降雨充沛[68]。

如同奥丁的两只乌鸦在欧洲负责收集信息那样，乌鸦在夸扣特尔人看来也是有远见的动物，可以为人类提供当下所需的宝贵信息。一位阿拉斯加的因纽特老人说图卢干克（Tulugak）是一只有神性的乌鸦，它会呼唤道："图库塔瓦尼！图库塔瓦尼！（Tuktu tavani！Tuktu tavani！）"这代表着"有驯鹿！"[69]。在许多文化中，特别是在北美，乌鸦可以帮助人类狩猎。在这些情况下，人们对乌鸦的积极看法占主导。对钦西安人、海达人、贝拉贝拉人、特林吉特人、夸扣特尔人，甚至北太平洋沿岸的所有人来说，乌鸦是创造世界的神，又被称作"骗术之神"。在这些传统中，乌鸦是神话中的角色，以善于欺骗、狡猾和无知等特征与其他形象区分，同时与宇宙的秩序、对现实的创造和转化有关。乌鸦会取笑人，也会将自己的知识传授于人。由于乌鸦的这种力量，乌鸦被引入萨满教的习俗中，阿拉斯加的科育空人正有此传统——科育空的猎人认为乌鸦可以向人们指明猎物在哪里：乌鸦在天空翱翔，因此可以看到猎物，并大声喊着"ggaagga ggaagga（动物！动物！）"[70]。

许多文化中都有乌鸦和人类合作狩猎的证据。我们在《自然史》中也找到了这类证据：《自然史》记录了小亚细亚地区埃里扎火山附近的人们如何在乌鸦的帮助下进行狩猎。我们也会读到以下文字："人们在树林里把乌鸦放在头盔上和肩膀上。乌鸦会找到并追踪猎物，甚至驱赶它们到猎人眼前。这种做法使得猎物出现的地方总有乌鸦存在。"[71]

在许多文化中，特别是在北美，
乌鸦可以帮助人类狩猎。

观察地面的痕迹

对地面上的可见迹象或脚印进行解释，也是占卜的一部分。

就像预言者进行鸟卜时通过对天空划定界限，或在进行脏卜时通过对祭祀动物的内脏进行分析来阅读未知事物一样，地面也会成为承载超自然信息的场景。我们刚刚谈到的公鸡占卜是大约公元 4 世纪的情况，与其在古罗马时的应用相比似乎已发生了变化：以前对神的询问以及回应是二元的（是 / 否，吉利 / 不吉利），如今这种询问或回应变得更加清晰。占卜的场景也发生了变化。实际上，最新的历史资料显示，预言者会在地面上画一个圆圈，并在圆圈内部写好字母，在每个字母上都放一粒豆子。然后，预言者会放出一只白色的公鸡，等待公鸡啄食地面上的豆子，观察被啄食的豆子对应的字母以及字母顺序。如此，单词和个人的名字就组成了。当利巴尼欧和杨布利柯询问公鸡时，公鸡啄下字母 T-H-O-D，预示了瓦伦斯皇帝的继任者的名字——Theodosius（即狄奥多西一世）。所以，当瓦伦斯皇帝于公元 378 年去世后的次年，狄奥多西一世继位。

动物的脚印也是解释预言的线索之一，它们是物质存在的明显线索。某些动物的脚印在某些地域、某些社会中具有丰富而精确的含义。马里的多贡人就是一个例子，他们拥有丰富而复杂的宇宙学知识。追踪动物痕迹的习俗就存在于他们的生活中：在夜幕降临之前，预言者可以划定一块土地并设置 60 个占卜标志；第二天早晨，预言者会去检查狐狸（多贡文化中最重要的动物）经过而留下的脚印，并做出相应的预测。

我们不要忘了，乌鸦与北美草原狼、熊、灰狼和虎鲸这类能捕获大型猎物的野兽一起生活，因此狩猎活动也构成了它们的生存活动。同样，乌鸦在狩猎中跟随人类，组织有效的协作：乌鸦通过啼叫告知人类猎物的位置。当然，乌鸦也会确保自己的那一部分食物。

伊特鲁里亚镜子的背面描绘着，占卜师卡尔卡斯
在检查一只被处死的动物的内脏

　　乌鸦在死去的动物的腐肉周围游荡并大声疾呼的特征，使得许多文化传统
（尤其是欧洲的文化传统）都认为乌鸦与死亡有关[72]。但在这些传统中事件发
生的顺序被颠倒了，即并非动物先死而后乌鸦哀鸣。在这些传统中，乌鸦预示
着死亡，甚至用于确定死亡。用乌鸦确定死亡状态，意味着乌鸦的出现不是预
兆迹象（即乌鸦到来并非宣布死讯将至），而是决定迹象（表明乌鸦导致了死
亡降临）。抛开这种细微区别，从总体来看，动物的角色依然是重要的。动物
的语言、外观和行为特征，承担着人类所赋予的战略作用——动物是人类了解
超人类现实的使者，是两个存在之间的调解者。

脏卜

　　动物占卜并不总是像鸟卜那样将动物视作鲜活的生命来对待，将动物视作
神圣信息的活的承载者和神圣能力的化身。确实，人类也会毫不犹豫地将屠刀
放到动物身上，拔出其肠子，露出其骨头，寻找某种超自然的反应。人类认识
到众神想要在承载信息的动物身上留下深刻的印记。预言者会在动物的肠子或
特定器官（如肝脏，即肝脏占卜），一般骨骼（骨相，即骨相占卜）或某些特
定部位（如肩胛骨，即肩胛骨占卜）或甲壳（如龟壳，即龟壳占卜）中寻找印记。
通过对这些器官和解剖部位进行演绎、逻辑分析，从而进入微观世界，来了解
其对宏观世界具有的重要意义。预言者会观察其器官的颜色、解剖部位的位置、

动物经历所留下的痕迹，人类相信借此不仅能够理解未来并获得二元答案（是 / 否，好 / 坏），还可以掌握整个宇宙的顺序。

在美索不达米亚、伊特鲁里亚和古罗马文化中，脏卜是主要的占卜术。在希腊，内脏占卜或肝脏占卜在奥林匹亚由巫觋正式实行，在塞浦路斯则由神话中的国王西尼拉后裔实行。

在古代的美索不达米亚，脏卜是伊特鲁里亚开展预言活动的基础。自锡帕尔国王恩梅杜兰基继位以来，占卜就是一种特权行为。公元前 20 世纪的美索不达米亚文明也有相关记录，能为这类活动做出证明，例如"马里的肝脏"[73]。这一黏土模型是被处死的、用作预言的动物的肝脏的复制品。

这些"模型"使人们可以在很长的时间之后考察占卜行为，也可被用于教学活动。

被处死的动物往往是家畜，通常是公羊、鸡，在很少的情况下是牛。它们被献祭之后，就会被解剖。无论是献祭还是解剖，动物都处于占卜活动的中心。即使是动物死去的戏剧性时刻，预言者也渴望解读预言。我们在让·博泰罗的一项研究中可以读到：

被宰杀的绵羊从右到左甩动尾巴，意味着你将用武器击败敌人；尾巴从左向右摆动，则意味着敌人将用武器击败你。被宰杀的绵羊磨牙，意味着即将结婚的新娘将与其他人在一起，并抛弃自己现在的家庭。[74]

类似这种观察动物反应的占卜也发生在对内脏甚至肠道的观察和对器官发问的活动中[75]，这是在牺牲仪式之后绝对重要的占卜时刻。人们认为：

左右两侧的肺为鲜红色，意味着火灾将发生。肝脏的一部分从形状上看像箭一样，意味着土地上的收成会很好。胆囊和针一样细，则意味着会有囚犯逃脱。[76]

解剖是祭祀活动中一种具有象征意义的牺牲行为。无论祭祀活动是对神灵的馈赠、与神的融合，还是对神的感恩，动物都承担着人类与神灵这两个领域之间的沟通者角色。在美索不达米亚，这种祭祀为神提供了"支持"，因为人们认为神会在得到"支持"后在祭品上"写"下回应。这一占卜过程证明了人们向神询问的真实希望，以及在牺牲动物体内得到答案的意图。一般来说，仪式以这样的口号开始："哦，神啊！你读到了那包含世界的秘密，却未完全公布于世的碑，是你将占卜的圣言写在羊（或其他动物）的内脏中。"[77] 在这一仪式后，人们会就提问者的命运继续询问上帝。

无论祭祀活动是对神灵的馈赠、
与神的融合，还是对神的感恩，
动物都承担着人类与神灵这两个领域之间的沟通者角色。

伊特鲁里亚人的文化就像美索不达米亚的文化一样，对动物的内脏进行解读也是宗教领域的一项基本活动[78]。

古罗马神话中传授伊特鲁里亚人占卜的塔吉特神的使者可以结合闪电和所谓神迹使人发现神灵的意愿，获得警示，从而减少即将来临的危险事件并设法加以补救。

1877 年，在皮亚琴察市附近，学者发现了一只公羊肝脏的青铜模型，这一模型被称为"皮亚琴察肝脏"，其历史可追溯到公元前 3 世纪至公元前 1 世纪。该模型有两个面：凸面分为两个部分，一个以伊特鲁里亚神话中太阳（在伊特

人们认为通过脏卜，可以发现诸神在牺牲者的内脏中"写"下的信息。脏卜能得到的具体信息取决于人类的解释能力，并将指明未来的方向。模型为"皮亚琴察肝脏"

鲁里亚语中，太阳为"Usil"）的名字命名，另一个以伊特鲁里亚神话中月亮（在伊特鲁里亚语中，月亮为"Tiur"）的名字命名；凹面分为较小的一些部分和42个铭文，铭文中包括27个神灵的名字。该模型的外圈分为16个部分，对应因闪电占卜[①]而划分并限定的天空区域。这让我们想起古罗马占卜对天空的划分。脏卜同样提供了一个确定的空间语境，人们在这个空间语境等待神迹的出现，这一空间被称为神殿。神殿主要由两个垂直轴确定，一个轴是南北方向，另一个轴是东西方向，两轴在预言者的观察点相交。地上的圣殿范围与天上的圣殿范围之间的空间就是容纳神殿之处。

古罗马神话中传授伊特鲁里亚人占卜的塔吉特神的使者
可以结合闪电和所谓神迹使人发现神灵的意愿，
获得警示，从而减少即将来临的危险事件并设法加以补救。

在皮亚琴察的肝脏模型上记载了天空的16个分区。脏卜文化认为肝脏是"圣殿"的解剖学投射、天体的投影和具有神性的铭文的载体。

①闪电占卜，伊特鲁里亚人的占卜方式之一。——编者注

动物自有的神圣信息，使人类被未来的神秘压制，甚至使人类认为自己不能知晓未来。由于对知识的贪婪，人类杀死了动物，并将手探向动物的内脏，翻找着预示未来的征兆。动物的内脏、骨头和肉体被肢解、分离。此时，动物不复存在：动物只是没有价值却携带珍贵信息的信封，而人类在其中寻找进入未知世界的钥匙。

骨卜和龟卜

在狩猎和采集社会中，尤其是在接近北极的地区，人们用火烧动物的骨头，从而进行占卜[79]。人们根据用火烧骨所产生的迹象来判断之后的天气情况及狩猎活动是否顺利。此外，骨头上会出现好似一系列地图的裂缝，猎人认为可以在这种地图上识别出通往理想狩猎地的路径。

骨相占卜（简称"骨卜"）不仅与狩猎有关，还与对祖先的崇拜传统以及对超自然实体的祭祀有关。骨相占卜是中国最早记载的占卜形式。自新石器时代以来就存在骨卜活动，也称肩胛骨占卜，因为人们常用牺牲动物的肩胛骨来占卜。骨卜首先需要检查牺牲动物（公羊、猪、牛）的残骸，用火烧兽骨之后，将火留下的某些迹象与预言联系起来。在中国，祭祀从商代（公元前1600年—公元前1046年）开始，国王希望与祖先共享食物，而祭祀用的兽骨为生者与死者提供了交流的渠道。从祭祀行为开始，占卜不再依赖火光的随机迹象，骨卜变得越来越自主，人们通过烈焰使被祭祀的动物骨骼产生结构性变化，进而完成占卜。在中国人看来，骨卜可以使人从物质中了解事物的秩序，即把宇宙的各个部分结合在一起的相互对应的结构。通过对现有符号的解释，甚至可以通过直觉预测未来。在商朝，骨卜逐渐发展为龟卜，即龟甲占卜[80]。

在狩猎和采集社会中，
人们用火烧动物的骨头，从而进行占卜。

中国古代的龟卜

　　中国古代有一种使用乌龟占卜的占卜方法，这一方法考虑的不是动物性因素，而是实操性因素（与占卜的具体操作有关），即通过识别乌龟的形状、颜色、行为、头部运动的方向等来预知事件。八种可以用于乌龟占卜的龟分别是北斗龟、南辰龟、五星龟、八风龟、二十八宿龟、日月龟、九州龟和玉龟（这八种龟在褚少孙于公元前 1 世纪重新编撰的占卜文学中均有列举）。人们会在秋天捕捉这八种龟，并在春天将其杀死。一般来说，卜师用乌龟的腹甲进行占卜，会将其打薄，并打磨至光滑。之后以燋契[1]在龟壳内表面刻出杏仁形和半圆形相切的两个小孔，点燃木条并灼烧这两处，以形成"卜"字纹。腹甲的九块甲骨上均可挖出不穿透的圆窝，以此重复，覆盖全部腹甲。其中钻孔过程叫作"契"。在实际操作中，人们会在孔中放置木条灼烧。木条会在龟背灼出"卜"字裂痕[81]。占卜师则根据纹路来预判吉凶。

①燋，备作引火之柴枝。契，以刀凿刻龟甲。——编者注

右图为油画《女巫的安息日》，其作者是西班牙画家弗朗西斯科·戈雅 (1746—1828)

在中国神话中，龟是四大神兽之一，与龙、麒麟和凤凰共同代表着宇宙赖以存在的坚实支柱。乌龟与"阴"、北方、冬季和水元素相关。乌龟象征着时间和空间，力量和长寿；在卜师看来，龟这种动物被赋予了人类无法企及的

《捕鸟图》，出土自底比斯尼巴蒙墓中的埃及绘画，可追溯至大约公元前 14 世纪

寿命。在道教中，乌龟代表着整个宇宙：背面是天空，腹面是大地，龟壳的 9 个甲片代表中国先秦神话中地理层面的九州。乌龟在天地之间进行调解，龟壳则表达了神的语言。聪明的乌龟有助于世界的稳定，因此乌龟的身体隐喻稳定性。

正如学者莱昂·汪德迈所指出的，龟卜最令人震惊的方面是，在以往甚至当代的骨相占卜实践中，卜师要求诸神在牺牲动物的骨头上写下人类命运的规则；龟卜让人们不再通过牺牲动物来与神沟通，而将乌龟本身作为一种强大而神秘的神灵受人祈求和询问。如我们所见，乌龟是整个宇宙在理性时空维度的一种表达：在乌龟的身上可以追溯宇宙的系统性、固有的原理和宇宙的动态性，还包括对人类十分重要的圣裁者。

解梦

在睡眠中，灵魂会从身心合一的状态及被身体控制的范围中脱离，从而回忆起过去，看到现在，预见未来。因为处在睡眠中的人的身体像死去了一样，灵魂却是清醒而活泼的。[82]

我们在西塞罗的《论占卜》一书中读到了如何通过梦获得知识，如何通过超自然的方式预测即将发生的事件。我们不仅可以通过前文已经提到的"人工"占卜技术进行占卜，还可以通过所谓"自然"的方式，其中最广泛的形式就是梦，或者占梦。

人们认为各种实体或表现形式（包括动物）会通过梦向人类传达某些警告信息。梦境中包含的超自然信息可能是清晰的，可自我解释的（即做梦者可以直接理解的），也可能是象征性的，因此梦的解析需要专业人士。

梦境中包含的超自然信息可能是清晰的，
可自我解释的（即做梦者可以直接理解的），
也可能是象征性的，因此梦的解析需要专业人士。

公元前 20 世纪初期，一本与解梦有关的书在埃及问世。编纂这本书的人正是埃及的祭司。美索不达米亚地区的人们也开展了大量鸟卜解梦活动，后人发现的《亚述梦之书》记录了这些活动。

解梦活动也在希腊开展，相关记录最早出自卜师安提丰之手，其历史可追溯到公元前四五世纪。从公元 2 世纪开始，阿尔米多鲁斯[83] 创作的《解梦》成为解梦的代表性著作，这是一本内容全面且细致的解梦指南，几乎是专业人士必备的手册。阿尔米多鲁斯的观念在当时广为传播，甚至在今天仍具有一定的影响，例如不少人认为人可以通过梦预见未来。梦充满了出乎意料的幻象，有时显得荒唐且毫无意义，但是梦通常直指做梦者的现实生活。因此，对梦中所见事物的解释是极其个性化的。

现在，让我们看看古代人赋予梦的价值有哪些，以及哪些是梦中被动物符号占据的空间[84]。对埃及人来说，当身体沉睡时，灵魂便进入了另一个维度。根据古希腊诗人和神话学家赫西奥德（约公元前 8 世纪）的说法，梦是夜晚的产物之一；夜晚的产物还有睡眠、注定的命运和死亡。

对希腊秘传宗教之一俄耳甫斯教（公元前 7 世纪）来说，灵魂在睡眠期间会离开身体，并与超自然实体接触。

就像动物存在于某个民族的神话中一样，
动物也赋予梦意义，即每个人独有的神话。

对古希腊哲学家、诗人色诺芬尼来说，灵魂也在睡眠中获得自由，激活人们的"超感官知觉"，进而预测未来。

因此，梦是一种知识工具，即代表真实、可靠的知识。在希腊文化中，这种梦是由熟睡后产生的奥娜尔（onar，在古希腊语中意为"梦"）扮演的，它摆脱了身体的局限，传递着高维度的信息。

梦的象征性交流中充满了动物，这些动物时而令人羞怯，时而令人恐惧，时而又令人内心祥和。就像动物存在于某个民族的神话中一样，动物也赋予梦意义，即每个人独有的神话。

根据埃里克·罗伯逊·多兹的分析，我们梦中的动物神话一部分取决于我们的个人经验，另一部分则来自我们从祖先那里继承的集体无意识。关于出现在梦中的动物，我们在阿尔米多鲁斯收集的预言中发现了以下关联：

◆ 蚂蚁进入耳朵意味着死亡将至。

◆ 骡子或牛在劳作代表好运。

◆ 被驯服的狮子在漫步是一个好兆头，因为狮子是力量的象征；狮子受到威胁，则预示着恐惧和软弱。

◆ 狼和狐狸象征着敌人——梦到狼意味着敌人在明处，梦到狐狸则意味着敌人躲在暗处。

◆ 蛇会带来死亡和仇恨。

◆ 雄鹰高栖在岩石或树木上意味着好运。

◆ 乌鸦代表男女私通的事件将发生。

◆ 老鼠在家里玩预示好运将至。

◆ 鼬鼠是狡猾的女人的象征，梦到它意味着死亡。

在某些动物与某些含义（可能发生在未来的积极或消极事件）的并置中，我们已经可以掌握某些"动物声誉"的刻板印象。这些刻板印象具有长远的影响，甚至流传至今。尽管人类不断获得的关于动物行为的知识在一定程度上消解着这些过于简化的印象，例如恶狼、奸诈的蛇、温顺的牛、骄傲的鹰，但如今我们对动物世界的了解并不能抹去那些我们对动物做出的奇妙而富有想象力的解释，因为这些解释在我们想象力的最深处。

当我们清醒地与现实动物接触时，刻板印象经由人当下的体验与理性分析而减少；在梦中，动物形象是由那些历史悠久的、层次分明的传统文化积淀形成的。

动物是将我们带入秘密世界的符号，它们充满意义、参考性和标志。动物告诉我们关于我们自身、我们的未来、我们所未知的事物的信息。

从预言者到最简单的偶遇（或符号）

正如我们刚刚看到的，占卜习俗中的很大一部分是解释"预期"的符号，并为这种预期体现出的表象来界定一个空间语境：正如鸟卜实践中所体现的，卜师需要在天空中划定一个区域作为"神殿"来进行占卜；脏卜则是在被处死的动物内脏中寻找线索；骨卜和龟卜则分别通过骨相和龟壳寻找痕迹。其中，骨卜和龟卜都是人通过火的作用进行的占卜实践。

与以上经验不同的是，生活中也会出现一些与人的意志无关的迹象，例如动物的走动或突然出现的鸟鸣，这些细节会被有心之人随机发现。

学者乔治·勒克用拉丁语 oblativa（来自拉丁语 oblativus，意为"自发"）指代这些偶然的标志、意料之外的幻影和遭遇[85]。

欧洲民间传说中类似的例子是，黑猫过马路或猫头鹰落在屋顶上，则预示恶兆。

世界留下了许多占卜材料，供那些希望以占卜的方式了解未来的人去猜测，去思考。我们可以想想，有多少动物的遭遇可以归因于我们对动物的"符号化"象征，归因于人与动物之间建立的无限的相关性以及纷繁的含义。

在动物的预兆中，预兆性与决定性之间的区别也很有趣：受预兆性的影响，随机出现的动物可以直接地宣告即将发生的事情；而在决定性的影响下，动物承担了确定性，即未来。

那些承担确定性的动物不仅是超自然实体与人类之间的中介，还是未来事物的创造者。基于原始偶然性的纽带，动物与过去、现在和未来的时间统一性紧密相连。动物预言人类命运的那一刻，也使得人类命运像一场黑暗的阴谋。我们用更通俗、简单的话概括就是："符号"即"偶遇"。

梦中的动物

萨满教

正如我们所看到的，除了我们的日常幻想充满了真实的或神奇的动物之外，我们的梦中也充满了飞翔的有翼生物、爬行的蛇、各种与我们说话或注视我们的动物。这类存在于我们意识悬浮状态中的动物，我们也赋予其含义——正面或负面的意义，我们还将把某种不明确的信息传达给人的能力赋予动物。总之，我们的世界包含着一些"梦中的动物"，因为某些群体认为他们与这些动物有特殊的、个性化的关系：这些动物是萨满巫师的精神指引者。

"萨满教"一词表示某些群体共有的宗教形式。这一宗教形式以萨满为中心，包括宇宙学和神话概念、仪式和习俗等一系列元素。萨满教是一个制度化的象征：某个社群或部落会将人与精神世界之间的媒介力量归功于萨满。在某些社会中，萨满拥有超自然的治疗能力，因此被称为"医药师"。萨满的其他

《梦魇》，其作者是约翰·海因里希·菲斯利

任务还有陪伴死者的灵魂到来世，了解人类所不知道的事物，在困难时期（例如干旱时期、缺乏狩猎对象和资源的时期）通过辅助性动物来从精神上支持部落或社群。

一些宗教人类学家和历史学家将萨满教解释为宗教思想进化过程中的一个阶段，即萨满教代表着宗教的古老阶段，它可以追溯到古代，并在当今的某些文化中找到痕迹。尽管我们可以找到萨满教存在于史前时期的痕迹，但人类学家放弃了这种解释（他们如果坚持这种解释，则会被称为"进化论者"），转而将萨满教视作一种存在于不同文化中的特定宗教形式进行研究。特别要指出的是，萨满教习俗的大范围传播发生在北极文化圈中，在西伯利亚、中亚和北美洲也广泛存在。在其他地区，例如南美，我们也可以观察到类似的现象。

萨满和出神

萨满的角色特征因文化而异，但是有可能存在共同的元素，即萨满与精神的紧密联系，进行出神之旅的能力，对超人类现实的直接了解，以及作为治疗师具有专业医学知识和技术。巫师、药剂师、牧师和神秘主义者，这些被统称为萨满的人通过与灵魂的密切联结而被赋予力量：这里的灵魂可以是死者的灵魂、自然实体和神话动物，而最经常出现的灵魂的象征就是动物。

图为前哥伦布时期的艺术品：一个带有鹰翼的萨满形象

萨满的全部活动都有动物形象出现。

动物形象是精神向导，

也是图腾英雄，是伟大的灵魂的体现。

　　就像我们将看到的那样，萨满巫师可以借助作为精神向导的动物，并结合自己的力量，担任萨满这一"神圣"的职位。但是，如何获得这些力量？人们如何发现具有担任萨满的力量的人？

　　在西伯利亚和东北亚，成为萨满有两种可能的途径："神选"和传承。在这两种情况下，萨满的选任都必须符合萨满教义，并由超自然力量来认定。被选定者会表现出属于萨满危机的全部症状：自我边缘化、无法说话、出神[86]。这种状态被称为"初始疾病"，标志着被选定者将开启一条新的生活道路；这条道路并不总是令被选定者愉悦的，但被选定者不能拒绝，否则将死亡。

　　在初始疾病期间，被选定者的灵魂处于解体状态，会经历一系列戏剧性的过程：他会觉得灵魂被绑架，身体被肢解，甚至骨肉脱离。这种象征性的死亡之后是重生：他的四肢像被重组过一般，焕发出新的生命力。即将成为萨满的人就如一块需要前辈萨满和精神向导加工、重塑的原材料。启蒙，意味着将成为萨满的那个人被教导有关出神的技巧、神话和精神的作用；他必须了解与其建立联系的精神世界，并能够掌握出神的技巧，最重要的是掌握获得力量的方法。

　　就像我们将看到的，从初始疾病开始，萨满的全部活动都有动物形象出现。动物形象是精神向导，也是图腾英雄，是伟大的灵魂的体现：正是这些动物将人转变为萨满，赋予了萨满超自然的力量。

荷兰探险家尼古拉斯·维特森于 17 世纪创作的作品，描绘了西伯利亚的萨满巫师

动物与萨满启蒙

在大多数情况下，动物会出现在即将成为萨满的人的梦中。这些即将成为萨满的人一开始会经历初始疾病阶段，他们梦到动物也意味着新的生活状态将至，即他们开始拥有与超自然世界互动的能力。

萨满是有影响力的人物，会得到其所在社群的认可，但是他们的力量远远比不上早期的萨满。在传说中，最早的萨满以动物为祖先，与神有着密切关系，还拥有非凡力量的来源。例如根据布里亚特人的传说[87]，神灵最初在西方显现，而恶魔则出现在东方。神灵创造了人，还在地球上快乐地生活了一段时间，而

恶魔则只会传播疾病，使死亡蔓延。为了对抗疾病和死亡，众神派出了一只鹰作为萨满来帮助人类[88]，但人类无法听懂这位鹰身萨满的语言。在重归神界之后，这只鹰再次被派往人间传播萨满知识。来到人间后，这只鹰遇到了一位女子并与她结合，他们的儿子就成了世上的第一个萨满。

在大多数情况下，
即将成为萨满的人梦到动物意味着新的生活状态将至，
即他们开始拥有与超自然世界互动的能力。

尽管现在的萨满不如早期的强大，但在辅助性动物的帮助下，他们可以穿透生命的黑暗。那些具有神圣象征的动物，首先被萨满教教徒的视觉"捕捉"，并用于唤起萨满对其职位的认知，然后启蒙萨满选定者的出神体验。在这之后，萨满就以我们熟悉的流程展开信仰活动。在波洛洛文化（巴西马托格罗索州中部的狩猎采集文化）中，人们以这样的方式进行萨满启蒙。刚开始，被选定者在森林中行走，他会意外地看到附近有一只鸟在下落，然后突然消失；随后，一群鹦鹉飞向他，但鹦鹉也很快消失了。相传这样的相遇会让人陷入休克状态：他会颤抖，说出难以理解的言语，散发出腐烂的气味，直到他崩溃，甚至像死了一样。最后，他的灵魂将通过他的嘴传达出这样的信息：他已经成为一位火星萨满巫师。

在波洛洛文化中，还有另一种萨满，即巴里萨满。巴里萨满认为被选定者会接到"要到森林中去"的神秘命令，被选定者在那里会遇到一种动物形态的灵魂——以猴子或水豚的形象出现，被选定者必须向这个灵魂鞠躬，并呈上手中的弓箭。之后，被选定者会感到头昏眼花，所有的色彩都在他的眼中闪烁，这一过程意味着他已成为萨满[89]。

辅助性动物和同类动物

在出神的过程中，萨满可以与神明接触，与他们对话，还可以呼唤他们，进行祈祷，但也不必与神明接触或亲近。同时，辅助性动物也有这样的作用。

在西伯利亚和阿尔泰[90]的文化中，熊、狼、鹿、野兔和所有鸟类都有这一作用，其中特别重要的鸟类动物是鹰、鹅、猫头鹰和乌鸦。

萨满巫师所拥有的辅助性动物的数量因文化而异：在某些情况下，如阿拉斯加的因纽特人认为一位萨满拥有的辅助性动物越多，他的力量就越强大；在北格陵兰，萨满拥有多达15只辅助性动物；在其他文化中，萨满只有一种辅助性动物，而且经常是熊，例如北奥斯蒂亚基文化。

萨满的能力也可以根据与其相关的辅助性动物的类型来评估。举例来说，对西伯利亚的雅库特人来说，拥有狗、狼或熊作为其"动物母亲"的萨满比那些与公牛、小马驹、鹰、麋鹿或棕熊协作的萨满的力量要弱一些。

萨满巫师所拥有的辅助性动物的数量因文化而异：
在某些情况下，他拥有的辅助性动物越多，
他的力量就越强大。

辅助性动物对萨满进入天堂或冥界的出神旅程、为所托之人寻找生病的原因或"修复"其灵魂来说，是至关重要的。

在出神之旅的前奏中，萨满会模仿辅助性动物的动作或声音，甚至"变成"他召唤的动物。例如通古斯文化[91]中的萨满会模仿蛇的动作，拉普人[92]聚集区的萨满会模仿狼、熊、驯鹿等。宗教历史学家米尔恰·伊里亚德强调，这种行为暗示着萨满变为动物，而其象征意义则恰恰相反，这一系列行为代表的是"萨满对辅助性动物的占有"[93]。萨满放弃了人类的身份，并获得了其所模仿的动物的身份。这种力量对萨满与来世和超自然世界的接触来说是必不可少的。而且，随着身份的变化，人与动物之间的连续性被唤回，人与动物重返未分化的原始状态，就像神话时代一样。

接下来，让我们看看萨满和辅助性动物是如何合作的。萨满必须能够与辅助性动物交流。为此，他从先辈那里或直接从辅助性动物那里学到了一种神秘语言，即"动物的语言"。这种语言的习得源于对动物叫声的模仿。举例来说，在塔塔尔人和吉尔吉斯人[94]中，巫师会有以下行为：

像狗一样吠叫，嗅在场之人的气味；像牛一样低下头，发出牛的叫声；像羔羊一样低吼；像猪一样叫。萨满对动物叫声的模仿非常精确，他们会模仿鸟的歌唱声和鸟飞过的声音。这些行为一定会打动当代世界的人们。[95]

这些行为宣布萨满所召唤的辅助性动物的出现。在召唤辅助性动物的过程中，萨满的语言也是模仿动物的叫声或鸟类的歌唱声而习来的。

萨满放弃了人类的身份，
并获得了其所模仿的动物的身份。
这种力量对萨满与来世和超自然世界的接触
来说是必不可少的。

今天的萨满教

萨满教在如今仍受到了极大的关注。虽然我们所称的"萨满教"并不对应单一的人类学范畴，而是指多种表现形式，但民间人类学的异域风潮从其原始背景中汲取了这一现象，甚至建构了新的现象和新的版本，以更好地适应工业化社会的需求，并在美国和欧洲扎根。

所谓"新萨满教"已经在城市环境中语境化了（也被定义为"城市萨满教"），其功能被置于西方社会更广泛的精神和宗教思潮之中。

因此，新萨满教教徒提出了萨满教作为不同于制度化宗教的另一种途径，不受普遍的政治和经济压力的影响。而且，新萨满教是个人性质的，因此它不能被放在官方文化和宗教机构的等级制度中被规范化。

对那些坚持信仰新萨满教的人来说，新萨满教意味着信徒对自然世界的规律和规则的重新发现以及信徒与它们的和谐关系，是对现代生活方式所丧失的传统维度的恢复。

萨满教的这种"浪漫主义"版本也重新评估了动物与人类的关系。的确，如果说西方社会对动物的剥削是一种无限制、无监管地将动物简化为物体、机器、被使用的"物"的现象，那么在新萨满教和新时代潮流中，动物形象从这种内涵中解放出来，并变成了人类的"他我"，能起到引导、守护灵魂的作用，这就与动物在传统萨满教中的作用一样了。

动物成为人类的内在能量和先天力量的象征。大多数时候，人的先天力量没有被表达，反而被忽视了，因此被选定者成为萨满前需要通过启蒙唤起这份先天力量。

人的道路与动物的道路沿着这一精神道路交会：当人们认识到原始纽带的存在时，两条道路就会彼此靠近。动物代表了通向精神世界原型的钥匙，是人类的盟友，帮助人类挖掘自己的精神潜能。

再来说鸟卜，我们已经了解了理解动物语言的重要性，古希腊和古罗马时期人们对鸟类的理解尤为重要。在其他文化中也是如此，不同文化或多或少都强调了人们对理解这种自然习语的渴望。我们可以设想，尽管人类的渴望程度有所不同，这种渴望在人类文化中却是无处不在的：这种渴望是对人与动物之间断裂的、代表着相互理解与和平共生的融合关系的重寻。

萨满在出神期间会变成动物，并说出动物的语言，这短暂地消除了人类世界与动物世界之间的历史性隔阂，并经历了一种没有冲突的超自然状态。

萨满在出神期间会变成动物，
并说出动物的语言，
这短暂地消除了人类世界与动物世界之间的历史性隔阂。

北美萨满教

对北美的萨满巫师来说，他们想获得权利也要借助神话中的动物，也就是那些辅助性动物 [96]。人类与这些辅助性动物的相遇可能是由于某个偶然事件，也可能是个人研究的结果。

在北美，我们更清晰地看到了将动物作为保护神的场景，每个人都可以透过自己的视野来获得动物保护神的灵魂。

在一些北美印第安人社群中，年轻人在青春期到来后，会在山上的汗屋（即"汗水屋"）度过孤独的时光。在汗屋，年轻人用蒸气、舞蹈和歌曲净化自己。他们以这种方式生活，直到在梦中遇到期待已久的动物，并与其建立同盟。

美国西北部特林吉特族群的传统木制老鹰面具

北美的萨满教教徒从动物灵魂中汲取非凡的才能，他们开始吸纳动物的语言（所有动物的语言或某个单一动物物种的语言）——萨满施法时经常使用的语言。

一些美洲原住民群体，例如南加州的卡维拉人，认为萨满能够获得权利源于他们可以利用某些动物守护神作为媒介，而这些守护神被认为是至高无上的存在：猫头鹰、狐狸、土狼、熊就是这样的存在，它们是神圣的使者。

另一个在整个北美地区广泛存在的假说表明：萨满的力量起源于自然现象。在这种情况下，梦中的动物也起着决定性的作用：它们是做梦者的使者和主人。

例如，对帕维奥佐的印第安人来说，萨满的力量来自无形、无处不在且无名的夜灵，其信使是鹰、猫头鹰、鹿、羚羊、熊等。

传统的美国原住民服饰和羽毛头饰。作者：美国画家乔治·卡特林（*1796—1872*）

因此，在所有这些情况下，动物都与神秘领域、神秘维度和神话力量紧密相连。人类认识到动物的力量，还通过梦中动物的视野寻求无比珍贵的收获。动物对人的这种精神上的陪伴并不是萨满的特权[97]：每个愿意面对某些考验（无论是生理的还是心理的考验）的人都可以获得属于自己的动物保护神，而这项考验可以持续数年。一个人想要获得自己的动物保护神，首先就要在梦中与命中的动物相遇。

在萨满教的仪式中，
类鸟的象征很常见。

鸟与神奇的飞行

飞行属于鸟类和昆虫的特权，人类并不拥有这项技能。人类自古以来就一直渴望在空中自由移动，可最终只能在地球上行走。在许多文化中，人类克服重力的能力可以追溯到神话：在一些神话中，所有人都可以飞翔；在一些文化传统中，飞行被认为是拥有非凡力量的人才具有的特权，例如女巫会飞行，基督教信徒会飞升到天堂，西伯利亚、格陵兰和北美的萨满巫师具有神奇的飞翔能力。在萨满教的仪式中，类鸟的象征在各种场景中都非常常见。萨满的服装、装饰品、诵经的声音、出神的过程和隐喻，都是从有翼生物的世界中借鉴而来的。例如，在阿尔泰人、塔塔尔人、铁列乌特人和喀尔喀人中，萨满的服装便是对猫头鹰的外形的模仿，而索牙恩人的萨满则模仿老鹰。

但是，人们即使在整套服装中都没有明显地借用鸟类的翅膀或羽毛，也会借用鸟爪作为鞋子上的元素，使完整的服饰包含鸟类的元素，例如通古斯萨满。此外，羽毛头饰在满族男性中十分常见，而蒙古人在服饰的肩膀部位所做的装饰也借用了鸟类的外形元素。

有时，一个人只用某类鸟的一根羽毛作为装饰也会被认为具有萨满的权利，例如北美帕维奥佐人的萨满：一个人拥有老鹰的羽毛就代表着他位居至尊，被认为是大萨满巫师的父亲或母亲。鹰的力量，对雅库特的萨满来说是如此珍贵，以致任何猎杀鹰的人都会遭到可怕的超自然的惩罚，例如猎人会发疯，最后扭曲而死[98]。在雅库特文化中，鹰的名字与当地文化中至尊者的名字相吻合：鹰

墨西哥坎昆：一名男子身穿传统的
玛雅美洲虎服装

被称为"阿吉"（Ajy，意为"创造者"）或阿吉·托詹（Ajy tojen，意为"光的创造者"）。人们认为栖息在树上的鸟是阿吉的孩子。当萨满面向代表世界中心的那棵宇宙之树时，就会开启神奇的飞行之旅，他可以飞向神圣的天体，飞向大多数人未知的领域。

在西伯利亚的习俗中，萨满会在做法时唤出雄鹰和其他鸟类。在大多数情况下，借助这些活动，萨满试图治疗病人的灵魂并了解适当的医治方法。在唤出这些动物后，萨满会与这些动物进行一次真正的对话，就像西伯利亚的传说所记录的一样，萨满面对鹰的灵魂，说道："我们有正当的理由打扰您。请您友善一点，抛开您怀疑的心绪，平息您的热血，您要充满同情心。我们因为一个可怜的病人而打扰您，请医治好他。我们将满足您的每一个愿望。"[99] 在做法时，雅库特人、通古斯人和尤卡吉尔人的萨满都穿着羽毛服装。萨满将自己转变为有翼生物，以似鸟似人的身形飞向天界，并在出神时依靠其飞行的能力、体力、凝视的敏锐度。

在西伯利亚的习俗中，
萨满会在做法时唤出雄鹰和其他鸟类。
在大多数情况下，借助这些活动，
萨满试图治疗病人的灵魂并了解适当的医治方法。

萨满的名字也可能源于他的辅助性动物。在萨哈共和国（雅库特）科雷马河地区，一位伟大的萨满被称为库巴奥尤恩——"天鹅萨满"。萨尔·克雷扬则是"鹤萨满"的意思，而鹤正是代表女性元素、四季平衡的神圣而稀有的动物。西伯利亚的许多故事证明了萨满巫师及其辅助性动物之间的认同关系。在最近的野外采风中，我们听到这样一则逸闻：科雷马河地区的萨满巫师巴希莱在第二次世界大战后被指控与一起森林火灾有关，当时军方要对他进行逮捕或罚款，但这位萨满却消失了。据说，巴希莱逃入水中，变成了潜鸟——一种会游泳的鸟，长着圆头、尖嘴、蹼足。潜鸟的外形让人们认为，正是潜鸟扇动翅膀才引起了大雪，阻止了森林火灾的蔓延。在巴希莱死后，他的亲戚烧了他的衣服和床垫作为陪葬品。在这熊熊火焰中，一只乌鸦从火中飞出，飞回了巴希莱的故乡。

我们已经在前文讨论过与乌鸦有关的占卜活动，类似的活动也出现在北美和西伯利亚的萨满教中。在许多西伯利亚的传统中，乌鸦是一种自相矛盾的动物：乌鸦可能宣布坏消息和死亡的到来，但也是萨满巫师强大的辅助性动物。

我们熟悉的其他辅助性动物可以是前文提到的潜鸟，以及鹤、天鹅、鹰、杜鹃，也可以是熊、狼、狐狸、狗。萨满拥有的辅助性动物的平均数量在 3 只到 9 只之间，但最强大的萨满可以饲养的辅助性动物的最大数量是 47 只，并且萨满在数十年间饲养的动物种类可能会有所不同。在这类动物中，我们可以按照特定地区或特定疾病（以及动物构成的不同治疗方案）来区分动物中哪些是辅助性灵魂，哪些是主要保护性灵魂。辅助性灵魂和主要保护性灵魂代表了萨满的"双重性"。在西伯利亚的雅库特文化中，最重要的主要保护性灵魂是"凯拉"（意为"动物母亲"）。动物母亲的表现形式多种多样，包括鹰、猫头鹰、鹤、牛、麋鹿、鹿、熊。萨满一生中仅有三次与动物母亲的"他我"接触，并且一年只能有一次，在最关键的时刻才可以与动物母亲的灵魂接触。萨满的命运与其动物母亲息息相关，密不可分。如果萨满的动物"他我"死亡，萨满也将死亡。萨满可以以其双重身份（一重是萨满本身，一重是他的"动物母亲"灵魂）的形式，与其他萨满进行战斗：以熊或鹰为"他我"的萨满更强大，而以狼和狗为"他我"的萨满则相对较弱。

除了萨满可以与熊的灵魂建立一种特权关系之外，普通人通过严格的启蒙考验，也可以获得熊的视角，从而使双方相互"收养"

萨满拥有的辅助性动物的平均数量在 3 只到 9 只之间，但最强大的萨满可以饲养的辅助性动物的最大数量是 47 只。

熊

　　熊被萨满认为是半人半兽，是人类与万物灵魂之间的沟通者，是熟悉草药的，还是母亲的象征以及整个动物世界的代表，在北美印第安人传统的形成过程中起着决定性的作用。

　　熊有双腿站立的能力，这表明其与人类有相似之处。熊也是北美地区的人们的勇敢态度和直觉的象征。因此，萨满需要从熊的身上获得神奇的力量和草药知识。普通民众对熊的崇拜则源于其寻求保护的欲望。

熊在北美印第安人传统的形成过程中
起着决定性的作用。

　　熊也可以是某些族群的标志性徽记，例如伊利诺伊州的萨克（族）印第安
人中的木库哇氏族。

　　正如我们已经提到的，由于熊的姿态和身体结构，熊通常被称为"半人半
兽"。奥季布瓦人称熊为"anijinabe"（意为"印第安人"）。奥季布瓦人以
外的一些传统认为除了不会使用火之外，熊在其他各方面均与人高度相似，与
人有平等的地位。在另外一些文化中，例如在北美西南部的亚瓦派印第安人中，
食用熊是一种禁忌，因为当地人认为熊与人是同类，吃熊肉就等于吃人肉。

　　但是，熊的"类人"的身份认同也带来了其他后果。许多部落，例如特林
吉特人（一个来自美国西北海岸的印第安族群），将狩猎熊视为战争，并将熊
幻想为敌人。

　　阿西尼博因人（位于北美洲的印第安人部落）在战斗中获胜后，会把杀死
的熊也纳入杀死的敌人中来清点数量；福克斯人（位于五大湖区的部落）对待
其杀死的熊的尸体的方式与对待其杀死的敌人的尸体的方式相同。他们会割掉
熊的头部，将其尸体火化。杀死熊的印第安人还会意识到自己这一激烈行动的
危险性。这种意识会引起两种秩序行为：一方面，他们会象征性地否认杀戮的
本质，以此来消除内心的罪恶感，这使得很多族群创造了一系列现象或仪式，
即"无罪仪式"；另一方面，杀死熊的人会不再提及"熊"这一词，而是用特
殊的词语来代称熊，例如"祖父""堂兄""有四肢的人类""伟大的人"。

犹他州峡谷地国家公园的岩画，记载了美
国原住民（印第安人）狩猎的场景

这也是熊与人的相似性和接触机制的另一种应用。此外，猎人还会对被他杀死的熊说出庄重而感人的话，例如：

黑爪子，别生气，也不要让其他熊灵生气。我只是因为贫穷而即将饥饿致死。我需要您的皮肤遮盖我，需要您的肉来养活我的家人。我们没有饭吃。您看到您现在有多好吗？被我杀死是一件好事。当您返回熊灵那儿时，请告诉熊灵我是如何对待您的。[100]

猎人在猎杀熊之后的行为也引起了很多学者的关注。猎人会清除积雪中的所有血迹，并将熊的遗体运到提前清理整洁的营地。在营地里，当熊的尸体抵达时，年轻的妇女会遮住脸，狗也会被拒之门外。猎人会默默地退到他的小屋里，因为他以杀害了为他带来食物的动物为耻。出于同样的羞耻感，其他人也被禁止接近或者祝贺猎人[101]。

无罪仪式

在许多传统文化中，"无罪仪式"都伴随着猎杀动物的行为，这些仪式标志着对"杀害动物"的内疚感，以及对其所作所为可能引发的后果的恐惧。人们用"无罪仪式"一词，表达其对杀戮行为的否认，并将责任转嫁给族群外的人，或者再次强调被杀害的动物一定会重生。

在这一仪式中，人们会特别注意处理动物的遗骸。举例来说，在重新放置动物遗骸的过程中，人们会将其暴露在一个神圣的地方来保证动物的重生，人们相信动物会感谢这种对遗骸表达尊重的行为。我们发现亚洲北部的许多西伯利亚人（例如埃文、鄂伦春、赫哲、通古斯、雅库特等族群）的文化和北美的土著文化都有这种对待动物的态度。例如奥季布瓦人举行的"熊礼"仪式，其中甚至有一个完整的脚本（或仪式）来表达内疚感。在狩猎社会中，猎杀动物之后的祭祀活动是一种具有象征性，同时带有内疚感的"否认"行为；到了农业社会（以养殖动物为主），人们的注意力则集中在这种仪式本身，进而将杀戮变为神圣的行为：将杀害动物的行为转变为对神明的奉献和动物牺牲，甚至宣告这种行为并不是出于生产的需要。但是，这种对因杀戮动物而产生的内疚感的淡化和遗忘并非仅存在于传统社会中。工业社会也或多或少存在着类似的隐性文化机制，这种文化机制让肉食者摆脱了杀害动物的责任。

我们的文化体系在各方面都对家养宠物之外的动物所享有的待遇形成了隐秘的规则，且在某种程度上消除了人们的内疚感。

今天，我们描述食物的词语不再直指作为生命本身的动物，而指向了某个无生命的"物"，例如我们常见的食物——牛排、汉堡包、（动物）胸部的肉。这意味着我们的餐桌上不再需要整只动物的出现，不需要将动物的头放在餐桌上。这一点与以下元素相协同，构成了无罪仪式：

空间元素（动物作为生命的概念被大规模生产淹没）

> 意识形态元素（已存在的杀害和剥削动物的合法性）
>
> 符号性元素（通过广告扭曲动物的现实情况）
>
> 因此，我们可以肯定的是，每种文化，包括意大利文化，都以一种新的顺序重新阐述、组织、分解和构建那些杀戮动物的事实，这也改变了人类和动物之间的关系。

人们用"无罪仪式"一词，表达其对杀戮行为的否认，并将责任转嫁给族群外的人。

对杀死动物这一行为的内疚感，使我们想起詹姆斯·弗雷泽在其作品《金枝》中阐明的"同情魔术"的两个定律[102]：相似性定律和接触或传染定律。这两个定律的协同作用可以简要地概括如下：如果确实如这两个定律所描述的，龙生龙，凤生凤，则食用特定动物的人将继承特定动物的特征，甚至变得与其所食用的动物相像。

这一原则正是基于某些美洲原住民族群的态度：他们在猎杀动物后举行仪式，同时强调这是动物向人类传播和扩张的途径。例如，在北美洲西北海岸的夸扣特尔文化中，杀死灰熊的人会变得凶猛、残暴，具有不可预测的野性。所有这些特征都符合人们对勇猛的战士的描述。然而，熊还有其仁慈的一面，也会被人们认为是母爱的象征，这是由于大熊对小熊持久的关爱，但更重要的是熊将草药知识传给了人类，成为可以治愈疾病的化身。

大多数北美地区的部落都认识到熊与治疗疾病之间的紧密联系。例如，普埃

222

布洛人（美国西南部的印第安人）所使用的表示熊的词语与用于表示药师的词语相同。对拉科塔印第安人（现居住在南达科他州）来说，医术最高明的萨满医师是向熊灵习得专业知识和力量的。他们通过梦或借助动物媒介与熊灵接触。

夏安人（属于阿尔冈昆族印第安人）和其他的平原印第安人认为，熊能够认识草药并收集草药以治愈自己及其同伴。印第安人也采集熊类所食用的植物以治愈疾病。夏安人用一种植物的根部来治疗腹泻和肠道疼痛，他们称这种植物为"熊食"。所谓"熊药"则是安大略省奥季布瓦人认为最有效的药物，可用来治疗头痛、耳痛、咳嗽和心脏痛。

在某些部落中，这种由熊衍生的医药知识十分普遍，每个人都从中汲取知识；在其他部落中，由熊衍生的医药知识只是少数几个人或一群人的特权。熊的力量不仅体现为草药学、医学知识，通常也可以成为萨满或秘密组织独有的特征，令萨满获得必要的启蒙方法。例如前文提到的阿西尼博因部落的印第安文化中经常出现的萨满和熊之间的联系，两者都被认为既强大又危险。

在许多以狩猎为主的社会中，熊被认为是动物界的巫师，能够像巫师一样预言未来及死亡，并用草药治愈疾病。人们认为熊可以像幽灵一样出现又迅速消失，快速移动，如旋风般难以预测且危险，甚至可以变成人类、其他动物或无生命的物体。

在许多以狩猎为主的社会中，熊被认为是动物界的巫师，能够像巫师一样预言未来及死亡，并用草药治愈疾病。

许多传统都将熊描述为在千里之外也能够理解人类语言的动物。

在萨满教中，熊灵被认为是最强大的辅助性动物，并且在北美许多地区的传统中被称为第一位萨满，因此许多萨满将熊作为辅助性动物来使用，认为能够依靠熊获得无与伦比的力量[103]。

以熊为辅助性动物的萨满会模仿熊的动作，穿上熊的皮毛，将类似于熊掌的图案画在脸上，例如阿西尼博因部落的印第安人的面部图案，这被认为能够有效地让自己变成熊灵。这种人变为动物的"变态"故事在北美平原地区普遍存在。但最重要的是，萨满向熊同化一方面源于启蒙和施法之间的对应关系，另一方面则受动物冬眠的启发。

将成为萨满的人在启蒙的过程中会远离族群和村庄，搬到偏远地区，并经历一段十分困苦的时期。这种分离仪式让我们联想到熊的冬眠以及萨满被启蒙后的归来和重聚，而重聚则相当于熊从冬眠中醒来。

因此，启蒙带来了冬眠和之后的觉醒，并且在象征意义上也隐喻死亡和重生，意味着一个人经历死亡并重生为萨满。在梦中，萨满会看到熊灵的幻象，这为萨满做法、寻找病人的灵魂，以及用草药治疗疾病提供了帮助。

将成为萨满的人在启蒙的过程中会远离族群和村庄，
搬到偏远地区，并经历一段十分困苦的时期。
这种分离仪式让我们联想到熊的冬眠以及萨满
被启蒙后的归来和重聚，
而重聚则相当于熊从冬眠中醒来。

南美萨满教

现在，让我们看看南美洲的亚马孙河流域，验证辅助性动物与萨满巫师（在许多土著社会中被称为治疗师）之间的关系。在波洛洛文化中，通过与动物灵魂（如鸟类、猴子和水豚的灵魂）"相遇"，萨满继任者完成启蒙。例如，在加勒比文化（加勒比地区的游牧族的文化）中，年轻的萨满继任者必须遵守饮食禁忌：不能吃肉，必须以烟草叶的汁水漱口，然后将其吐出。在当地，人们认为烟草的灵魂与鸢有关，而鸢也是当地萨满主要的辅助性动物，人们认为萨满可以依托鸢飞翔。

其他鸟类也有助于萨满的启蒙，并让萨满借其翅膀"飞"向精神世界——萨满在那里可以看到一切，知晓一切。在做法过程中，萨满吟唱的曲调因为受鸟类飞行的启发，所以被称为"翅膀之歌"或"飞行歌曲"或"malik"（这个词在当地语言中还表示象征着鸢的翅膀的装饰品）。

在萨满做法期间，被选中为萨满继任者的年轻人可以在出神的过程中接触美洲虎，同时模仿美洲虎的动作和哭声。美洲虎的灵魂在当地被认为是最强大的，因为其可以辅助萨满，治疗其他辅助性动物无法医治的病人。如果有美洲虎出现的治疗仪式也没有成功治愈病人，则意味着这个病人没有希望了。

美洲虎的灵魂在当地被认为是最强大的，
因为其可以辅助萨满，
治疗其他辅助性动物无法医治的病人。

其他动物也以各自的灵魂参与出神的过程，包括蛇、鸟类、蜥蜴、啮齿动物等。在南美洲的印第安部族之一的陶利庞，年轻的萨满巫师会在启蒙时期一

熊在北美洲的许多印第安族群的萨满活动中是非常重要的动物。萨满召唤的熊灵是萨满仪式中的辅助性灵魂，但由于熊的不可控制性和过于强大的力量，人们对此也感到恐惧

边喝着稀释的以蝉蜕研磨而成的粉，一边这样吟唱："请友好地坐在我的肩膀上吧！蝉灵，你将成为我的伴侣。"

　　根据叶库纳人的说法，在启蒙过程中，两只蝉通过人的耳朵进入头部，并在其中唱摇篮曲，就像萨满巫师治疗病人一样。在亚马孙流域，虔诚的萨满巫师必须拥有一种超人的力量，这种力量要么源于灵魂，要么源于魔法。在第一种情况下，灵魂可以来自植物、动物或古老的萨满巫师。与萨满巫师有关的动植物被称为药师，但这是不能为人所食用的。然而，源于魔法的力量被吉瓦罗部落称作"tsaruma"，该词也指代所有神话传说中的动物和植物。对秘鲁伊基托斯的印第安人来说，萨满巫师从鸟的嘴中接过树叶，或从其先辈处接过树叶，都代表其对魔法的继承。

图腾动物和守护神

作为灵魂守护神的动物

正如我们在上一章中所提到的，"梦中的动物"并不是萨满这类扮演特殊角色的人的唯一伙伴。在萨满教兴盛的社会中，如果有人愿意面对漫长而困苦的个人探索，那么他们也可以获得动物的视野，因为动物也会成为他们的守护神。

在许多文化中，动物作为守护神的身影都活跃其中，它们是人类的一种"内在动物"，与超人的力量联系在一起，似乎早就存在于人类祖先的基因中。

动物守护神是个人的，因此个人可以直接地与动物守护神单独接触。因此，正如列维－斯特劳斯[104]所分析的，图腾形象与守护神似乎有所不同：图腾是一个集体拥有的动物徽记，也让整个社会群体都与其建立联系。但是，其他学者则将两种类型的关系（集体关系和个人关系）追溯到了相同的现象，即图腾主义，并将集体图腾崇拜和守护神解释为图腾主义的不同形式。我们将采用后

位于不列颠哥伦比亚省的犬图腾

一种主张，并使用"图腾"一词，这在某种程度上属于印象派倾向，即认为图腾主义包含属于个人的动物守护神（个体图腾主义）和群体崇拜的图腾（集体图腾主义）。

正如列维－斯特劳斯所分析的，
图腾是一个集体拥有的动物徽记，
也让整个社会群体都与其建立联系。

什么是图腾主义

当我们谈论图腾时，我们能联想到的与这种文化现象相关的图像可能就是图腾柱，即高高的、带有雕刻装饰和动物祖先的图像的立柱，如加拿大西部沿海地区的印第安人在重要场合（如葬礼、房屋建造的现场）竖立的图腾柱[105]。

图腾主义不仅仅是一种艺术现象，也是多种元素的复合体，可以追溯到某些文化（例如北美印第安人和澳大利亚原住民的文化）的传说和宗教层面。在阿尔冈昆语（即加拿大东部和五大湖地区的人们广泛使用的一种语言）中，"ototeman"有图腾之意，实际上也指"他是我的亲属"。在印第安族群的祖先处于鼎盛时期时，族人会设置一个神话般的祖先，其身份与图腾动物相符。因此，图腾动物被视为该族群的起源和社会标识，而该群体通过崇敬关系、情感纽带、神秘活动与该图腾（以及代表该图腾的动物）紧密团结在一起。

对图腾动物的态度可能会变成一种对动物的崇拜，因此会涉及个人的情感领域（产生感情、奉献的欲望、与动物某种程度的熟悉），还会影响个体与社会的关系（即个人与群体的关系）。不同群体具有不同的图腾标志，例如具有不同婚姻规则的族群所崇尚的图腾是不同的。图腾主义表达了人类如何在人类世界、自然世界和超自然世界中感知自身（图腾让多种感知合而为一），也影响了个人在社交环境中与图腾（和图腾动物）的关系。

在印第安族群的祖先处于鼎盛时期时，
族人会设置一个神话般的祖先，其身份与图腾动物相符。

的确，图腾主义可以有多种解释。一些学者强调了人与动物之间的神秘联系，这种联系可以追溯到人类生命最古老的阶段。人类会觉得自己与某些动物有着先天的、神秘的、亲密的联系，甚至有着兄弟般的关系。在这种情况下，图腾动物将人与传说中的事物联系起来，达成了人与自然世界的基本统一。其他研究也强调了这种现象的社会影响——氏族[106]社会基于自然和社会文化元素而形成，其图腾徽记包含组织团体（氏族）和氏族身份的功能性元素构成。例如，在奥季布瓦人（北美印第安人的一支）中，氏族的区分最初是通过以下图腾动物所代表的不同图腾来划分的：鱼、鹤、鹅、熊、貂。

其他追随人类学家马林诺夫斯基的观点的学者从实用主义的角度分析了图腾主义，发现人类会选择最有用的或可食用的动物担任图腾动物的角色。

印度教中的母牛图腾，马来西亚。
母牛作为神圣的动物，在不同文化
中均有出现

动物母亲

　　人类与动物具有象征意义的亲属关系，其中一种
关系是动物是人类的母亲，这个意象代表着安全、保
护和情感的原始象征。这种联系可以在某些图腾中找
到证据，例如有些人在描述自己与图腾的关系时会用
"熊养育了我"或"老鹰是我的母亲"这样的表述。
在这种情况下，图腾动物的教育功能和对人类个体的
指导作用就很重要。在这种认知中，人类不仅获得了
情感纽带上的安全感，也获得了人类最初所不具备的
知识。

　　动物母亲也意味着营养和生命连续性的保证。在
印度，牛奶被印度教教徒视作至高无上的神圣食物，
印度教教徒不仅为这种食物代表的伟大母性而举行庆
祝仪式，也明确宣布了与母牛紧密的情感关系。他们
会高喊："母牛是我们的母亲。"母牛因此受到印度
教教徒的保护和尊敬（印度教教徒认为母牛具有神圣
的力量），并被视为神。在印度教中，牛老去后也会
像孩子的父母一样受到照顾和帮助，它们会被安排到
动物庇护所。成年的牛和患病的牛都会在动物庇护所
中得到照顾，直到其自然死亡。当人们提出为什么要
让不再具有生产力的动物活着这一问题时，印度教教
徒回答道："你们的母亲年老后，你们会把她们送到
屠宰场吗？"

列维－斯特劳斯则持相反的看法。图腾现象的出现并非如此现实或基于智识，而是在人类（氏族）和代表他们的图腾动物之间产生特殊关系时。动物标志具有传达意义的巨大潜力，并被用作象征。列维－斯特劳斯甚至质疑图腾主义作为一种"制度"的存在本身，他认为图腾主义并不存在，但是存在着属于不同文化的不同现象，只是我们任性地认为这些现象是一种现象。

人类与动物具有象征意义的亲属关系，
其中一种关系是动物是人类的母亲，
这个意象代表着安全、保护和情感的原始象征。

集体图腾

正如我们已经提到的，在某些社会中，社群依据血统而形成，这种社群被称为"氏族"，每个氏族的祖先都有着神话般的来历。图腾是使氏族的所有个体相互团结的动物祖先。

在澳大利亚中部的迪埃里，老鼠、蝙蝠、乌鸦、鹰和鸸鹋是与许多氏族相关的图腾。每个人自出生便继承了母亲的图腾（即母系图腾），从而建立了一种家庭关系。即使新生儿并没有与动物建立直接的母子关系，也要尊重这种"亲属关系"和相关的社会规则及饮食规则。例如，人们不能食用其图腾动物，因为图腾动物被看作"特殊的亲戚"，若人们食用它们则代表着人们蚕食同类。人们也不能嫁给属于同一氏族的人（为了遵循所谓"异族结婚"的规定），从而规避乱伦。

在其他社会中，适用于集体图腾主义和个体图腾主义的规则又恰恰相反[107]，例如人们可以杀死并食用图腾动物而不必担心犯了忌讳。人们认为图腾动物本身被其与人类如兄弟般的友情束缚，因此图腾动物会将自己作为猎物献给人类。

无论是个体图腾还是集体图腾，图腾动物通常都被视为个人的守护神或该群体的创始人

至于婚姻习俗，一些社群的划分和图腾分类还提供了内婚制：必须在同一个群体中寻求伴侣。

除了我们刚刚提及的图腾主义的社会性特征之外，图腾主义还包括人对图腾的崇拜。人与图腾动物形成的特殊关系中实际上存在着起源神话和宗教仪式的复杂协同作用，而人们通过初始仪式和定期庆祝以证明其对图腾动物的热爱。

无论集体图腾主义采取什么形式，以及该现象的社会影响如何，我们都必须强调人类倾向于将图腾动物视为人类个体和群体存在的根源。正如我们已经说过的，图腾是起源，是祖先，是属于极遥远年代的，像澳大利亚原住民定义的"梦境时间"中的半人半兽实体一样的存在。也就是在那时，人与动物还没有明显的区别，一切都还没有被创造出来。图腾动物为宇宙引入了新秩序和新文明。

无论集体图腾主义采取什么形式，
以及该现象的社会影响如何，
我们都必须强调人类倾向于将图腾动物视为人类个体
和群体存在的根源。

人类个体的守护神

"纳瓜尔""曼尼通""尼亚容""帕哇堪"[108]是不同文化中的一些神秘动物的名字。在不同的文化中，神秘动物的实体（很少是植物或无生命的实体）与人类个体产生关系，成为个体的守护神。

在澳大利亚东南部的部落中，个人崇拜的图腾通常被称为男人的"兄弟"

或女人的"姐妹"。个人崇拜的图腾就像兄弟姐妹一样：人们认为图腾会帮助处于困境中的人，保护他，出现在他的梦中并提示危险。守护神向个体展示了同样的关怀，帮助他避免伤害，并试图保护他，使他免遇任何危险。

在美洲印第安人文化中，一种叫作曼尼通的动物与氏族图腾很不相同。当地人对曼尼通的崇拜情感是十分热烈而深刻的，每个人都渴望拥有自己的曼尼通，甚至愿意付出巨大的牺牲（如被族群孤立、被剥夺权利或长时间禁食），以获得曼尼通的视角，与曼尼通建立稳定的兄弟般的关系。

在墨西哥、洪都拉斯和危地马拉，守护神被称为纳瓜尔：

纳瓜尔通常都是动物，无论其是否还有生命力，都与特定的人有平行的关系。因此，无论是在顺境还是逆境，纳瓜尔与个体都有相同的命运。[109]

通过这种方式，人类个体将自己的生命与特定的动物联系在一起；如果守护神死亡，同样的命运将落在人类个体身上。在我们的文化中，许多故事讲述了森林里的动物被杀害后立即造成了人死亡。

人类个体与动物的命运关联发生在人类个体出生时。在尤卡坦地区，新生儿会被留在一座露天神庙中过夜。第二天早晨，大人会通过观察地面上动物的脚印来确定"拜访过"这个新生儿的动物物种。在庙宇中留下痕迹的动物就成了孩子的守护神。

另一种关联类型是通过阿兹特克占卜日历进行的：孩子的出生日期对应于日历上的某种动物。

弗雷泽曾报道了萨波特克文明的一个传统。当一个妇女即将生下孩子时，亲戚们聚集起来，在地面上画动物的图案，之后便立刻将图案擦除。在新生儿出生的那一刻，地面上的动物图案就是孩子的"他我"——当地人用"tona"（托纳）一词指代这个动物。这意味着当孩子长大后，孩子就随身拥有了一个动物守护神，同时也需要照顾这个动物守护神，这也意味着孩子的生命和动物守护神的生命是一体的。

与南美洲的例子不同，在印度尼西亚，任何看到动物守护神的人都会猎杀该物种。在达成这最初且唯一的猎杀之后，个体就获得了自己的尼亚容（意为"守护者"），并在守护神的保护和帮助下开始规避任何可能冒犯到动物守护神的行为。

婆罗洲的达雅克人认为，人们在森林中或躺在有名望的逝者的墓碑前入睡，在进入梦境后，就可以期待动物守护神的降临。

同样是通过梦境，北美印第安人与动物守护神建立联系，获得动物视野，这种能力是自然得到的。这发生在年轻人即将成年的阶段，在他们到森林里独居、禁食、净化身心时产生的，这也是年轻人作为独立的成年个体再次融入社会前的必经过程。年轻人会从守护神那里得到一些需要遵守的关于进食和狩猎的规则，例如如何整理自己的药袋（即装有礼器和治疗伤病的药物的小袋子），以及用哪种曲调来召唤动物守护神。

许多人都把熊灵作为他们的守护神。在举行成人礼时，人们认为熊会留下明显的痕迹，然后迅速消失。例如一簇皮毛或一块指甲，这些痕迹将成为

人类与动物守护神是通过亲缘关系联系在一起的。不同动物徽记的出现，使社会中的各个群体得到了区分和表达

人们保留一生的珍贵物品，并被放入人们的药袋中。

如我们所见，由于熊是一种强大的动物，人们在梦境中赋予了熊可以"收养"人类的能力。同时，人类也非常担心自己与熊的关系，因为灰熊被认为是野生的且不可预测的。人类无法控制熊的思想，这对男人和女人来说都是危险的。

尽管有些男人与灰熊是被守护者和守护神的关系，但女性却因感到恐惧而很少这样做。在阿萨帕斯卡人（加拿大西部的印第安部落）的文化中，妇女或女孩都避免与灰熊甚至熊的尸体接触，她们十分害怕进入熊的灵魂，变成母熊。内兹珀斯人也抱持这种信念——他们的神话中就出现了"母灰熊"这一恐怖角色。

由于熊是一种强大的动物，
人们在梦境中赋予了熊可以"收养"人类的能力。

在某些部落，例如普埃布洛和波尼，一个人从出生就有自己的辅助性动物——它们是婴儿从已故亲人那里继承的，或者像平原地区的某些居民一样，以马匹或贵重物品交换来保护神。

在某些部落，一个人从出生就有自己的辅助性动物——
它们是婴儿从已故亲人那里继承的，
或者像平原地区的某些居民一样，
以马匹或贵重物品交换来保护神。

克里文化和帕哇堪文化

加拿大哈得孙湾地区的森林是克里部落的聚居地。克里部落属于阿尔冈昆族的游牧狩猎族群[110]。克里人的生活习惯、神话和宗教信仰都暗示了他们如何沉浸在宇宙的魅力中，与周围的一切拥抱，并编织了一个相互联系的网络。动物、灵魂、星辰……一切都富有意味，一切都散发着力量，一切都会对人类的生命产生影响。

　　熊、雷鸟[III]、动物灵魂、云、太阳、月亮、晨星等与东南西北四个方向相关的生命是最强大的实体，因此人们通过它们来汲取宝贵的力量。

　　在梦中，克里人可以遇到"梦中的帕哇堪"。"克里"（Cree）这个词指的是灵魂，表示人通过梦境可以与有灵生命交流。这一有灵生命在梦中总是以动物的形象出现。在梦中，人的灵魂会从身体中被释放出来，并与精神实体（例如动物守护神）互动，然而后者并不是独立的灵魂，而是真正生活在森林中的动物。

　　梦境中如同幻影的动物变成了人类的守护神。很多文化都认为动物守护神将在人类的困难时刻帮助人类，与人类分享它们的力量和它们对事物的认知。但是，并非所有动物都在同一个领域，且都拥有相同的力量或能提供相同的帮助。例如，大多数食肉动物在人类的狩猎活动中都能提供力量，而熊则有助于治愈疾病。

在梦中，人的灵魂会从身体中被释放出来，
并与精神实体（例如动物守护神）互动，
然而后者并不是独立的灵魂，而是真正生活在森林中的动物。

　　克里人会鼓励年轻人寻求与自己的守护神相遇的机会。年满 14 岁的男孩会隐居到树林中的僻静处，他们在那里禁食，进入梦境以追寻神明。年轻人如果在梦中找到了动物守护神，则会与其建立互助、彼此熟悉和理解的关系。相反，如果愿景没有在梦中显现，克里人就会毫不犹豫地选择进入一种出神的状态来唤出动物守护神。

　　尽管现在的克里人所具有的能力无法与传说中的祖先相媲美，他们无法飞翔，无法在水下生活，无法以火烧着湿木，甚至无法杀死食人怪，但他们凭借自身与守护神的联系，仍然能够以特殊力量战胜疾病，避免意外，变得长寿，治愈他人，了解并修改未来将要发生的事件。当克里人向自己的守护神求助时，克里人会大声喊出类似"来吧，爷爷！"的话语。克里人还说，梦到熊的人就能击败诸如食人怪等危险生物。如果有人试图攻击克里人，那么克里人的守护神将歼灭这个人。

　　动物守护神始终被定义为强大且友善的人类伴侣，这种关系有时也具有情感内涵。据说，动物守护神始终爱着那些被其保护的人类，而且随着岁月的流逝，人类与守护神间的关系会变得越来越牢固。但是，这牢固的关系依然不能阻止动物守护神的死亡。克里人认为，动物守护神愿意为人类牺牲自己，欣赏因牺牲而获得奖励或补偿（例如烟草、食物、衣服、刀子）的行为。这并不意味着克里人意识到被猎杀的动物所遭受的苦难，或试图减少这种残酷的猎杀。人们会避免食用与动物守护神为同一物种的动物的肉。即使按照社会规范来说，杀害动物是合法行为，人们仍然有义务让死亡过程尽快结束，以最大程度减少动物的恐惧和痛苦。因此，克里文化对猎人的警告是："迅速杀死它们，不要让它们遭受痛苦，在尊重自己的同时尊重它们！"

动物守护神始终被定义为强大且友善的人类伴侣，
这种关系有时也具有情感内涵。

西方图腾主义

　　图腾主义被认为是某些西方世界之外的典型现象。实际上，一些研究美洲原住民的人类学家曾观察并研究过经典的"教科书式"的图腾主义。我们如果分析人类与图腾动物之间建立的关系与亲和力，就会发现在西方文化中也可以找到图腾主义的痕迹。

我们感兴趣的是图腾主义的扩展定义：一个广泛的定义，考虑了一系列对应关系、亲缘关系和人与动物之间的关系，并在西方呈现出的某种带有"异国"图腾主义的家庭氛围。那么，我们把哪种人与动物的关系定义为图腾关系呢？

一方面，图腾主义如果是集体维度的，那就意味着社会群体的划分及群体间的关系是通过动物符号（即人与动物的亲缘关系）来组织的。因此，通过动物代表群体，被个人感知并构建自己的群体身份是社会性功能。

另一方面，图腾主义如果是个体维度的，那就意味着人类个体和动物通过某种方式相互收养，继而确立特殊关系。在这种情况下，人类建立了一种以个体图腾来识别自我的形式；人的个体身份也通过动物来定义，重申并传达给他人。

无论是个体维度还是集体维度，以上这些现象在我们的社会中同时存在着。就个体图腾而言，在某种程度上它与宠物是类似的，个人与动物的关系既是主人与宠物的关系，也是人类学家与观察对象的关系。在个人与动物的关系中，其前提是对科学领域（动物学、动物行为学）和研究领域（具体的动物物种）的探索，这源于科学家（与他的想象力和个人经历有关）对动物特征的探究与对动物的期望之间的一系列对应关系。在选择图腾动物时，由集体文化的表现形式和个人想象力共同作用的象征性构造开始发挥作用，进而形成某种形式的"和谐"与人对某种动物的感知。学者或隐晦或明确地感知到了这点，明确了人们的长期期望这一要素的存在。由于这种关系，学者获得了有关动物行为的知识和理解。当然，这一过程并不排除一定量的情感参与。正如列维－斯特劳斯所说：

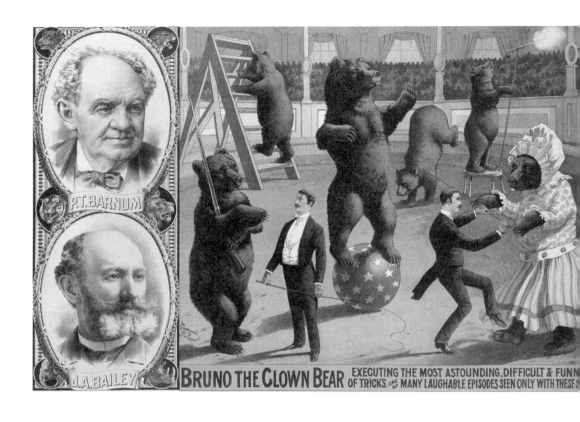

理论知识与感觉并非不相容。知识既可以是客观知识，也可以是主观知识……人与生物之间的具体关系有时会有情感色彩，甚至会让整个科学知识领域都充满情感。[112]

关于这一视角，我们也记录了一位学者与他的研究对象——海豚的互动：

这只名叫菲利皮的海豚看上去根本不像鱼。当我们和菲利皮的距离不到一米时，看到它目光闪烁地凝视着我们，我们怎么可能不好奇它是否真的是动物？这个生物是如此不可预测，如此奇特，如此神秘，这让人类很期望探索它眼中

在野生动物与自然环境分离的情况下，人与
野生动物可能发生真实或虚假的互动

的秘密。但可惜的是，动物学家的大脑让他们无法将菲利皮与那些具有确定性的已有知识相分离。在这种情况下，这种确定性几乎是令人痛苦的，因为在我们面前的只不过是一些被科学分类定义为宽吻海豚的动物。[113]

　　这一叙述强调了乏味的知识是如何被强加到动物分类学的体系中的。我们如果滥用这些体系，就有可能剥夺科学知识的基本贡献。

　　一方面，我们必须识别并消除动物拟人化的倾向；另一方面，在类似分类为"宽吻海豚"的认知过程中，我们获得的对待知识的态度并不能解释全部观察结果。强制的、客观的、不掺杂干扰因素的纯净的语言无法将一系列细微的因素纳入考量中，而这些因素属于行为观察以及与动物互动的整体观察。学者和动物都是观察现场的动态实体，他们建立起链式互动，产生反馈，相互诠释。

　　即使在进行科学观察时，科学家也无法摆脱个人经历、想象力和喜好的影响。因此，正因为我们谈论的是人与动物的具体关系，学者的个体情感才是其认知过程中不可或缺的一部分。伦理学家与动物之间的这种关系必然接近某些文化，例如我们在古典时代的图腾主义中所讨论的那些文化，其中关于动物的理论知识和人与动物建立的图腾关系是共存的，并且两者互补，从而呈现出整体化趋势。

这一叙述强调了乏味的知识
是如何被强加到动物分类学的体系中的。
我们如果滥用这些体系，
就有可能剥夺科学知识的基本贡献。

宠物作为图腾

现在，让我们把注意力从科学家转向宠物的主人。宠物的主人已转变为早期的伦理学家。在我们的社会中，人们用来消遣的动物往往是与人最亲密的、最不容易被剥削的动物，即所谓宠物或动物伴侣。在各种宠物中，狗、猫、鸟和其他活跃在我们生活空间中的小动物最为常见。由于它们与人类的亲近，它们往往是生活中享有权利的动物。它们生活在我们的房屋中，是我们的家庭成员，扮演着富有情感的角色。

在我们的社会中，
人们用来消遣的动物往往是与人最亲密的、
最不容易被剥削的动物，即所谓宠物或动物伴侣。

与宠物建立的关系突出了一系列值得探索的问题，这可以追溯到某种"本土图腾主义"。如何选择留在我们身边的动物已经揭示出我们对某种动物的"选择性亲和力"。这种亲和力并不是动物本身所具有的，而是我们构建出的动物形象，这种形象是被我们赋予意义的符号。动物的形象触动了人类心底关于婴幼儿形象的那根弦，涉及我们的期望、愿望和各种类型的关联，例如动物和社会阶层、地位、生活方式、自我形象的投射。

我们人类的特征（包括优势和劣势）与被选择为伴侣的动物特征之间，可以建立对应关系。动物的特质是动态的或平和的，因此我们可以与动物一起进行一些活动，例如人与狗的互动，人在马背上进行的体育运动，人在猫的陪伴下写作、阅读、放松，这都体现了该物种或品种的典型特征。对某种动物的偏

狮子舔醒幼崽，以中世纪的兽人为原型的缩小模型

　　爱也可能让人表现出"坠入爱河"的特征。坠入爱河的情况在人与动物个体建立关系时就会产生，如家养宠物与人建立的特权关系。这种关系也会延伸到人对某个物种或品种的感情。此时，对某个物种（如狗、猫）或某个品种（如德国牧羊犬、暹罗猫）的偏爱成了一个人的敏锐度、品味和生活方式的外在表现。动物传达的含义为构建个人的公共形象提供了线索。

　　在这种情况下，宠物对个人而言是象征、身份标志和多元化的社会工具。让我们来思考一下那些爱猫人士和爱狗人士之间对立的一系列象征和归因。猫是女性、夜间、独立和神秘的象征，而狗是男性、实用主义、阳光、安全和活泼好动的象征。让我们再来思考一下，宠物是如何成为人类个体间相互识别的工具的。其中一个例子就是同一个品种的狗的聚集。最重要的是它们的主人想展示该品种狗的代表性特征，例如主人喜欢将与某品种狗相关的贴纸、大头钉、帽徽等作为明确表明自己属于特定组织的身份识别物。在这方面，从社会性的视角理解图腾主义，人们认为正是动物带来的某种"家庭气氛"，使动物成为许多社会群体的象征。

　　但是，在西方文化之外，个体图腾主义与我们社会中宠物和主人的关系之间还有其他对应关系。在以下两种情况中，动物都是人类伴侣的特征的投射。由于某种共生关系，人要识别自己的图腾，就必须使动物与人拥有共同的特征：图腾动物和人是十分相似的，宠物及其主人也是如此。在西方文化的背景下，如果人们与诸如宠物等家养动物存在具体的关系，那么其他动物也应该是人们想象中的一部分，尽管在大多数情况下它们较少出现在人们的生活中[114]。这里提及的其他动物主要指外来动物或野生动物，例如狮子、狼、老虎、熊。一种象征性的力量已经在它们的形象周围聚集，证明了它们在各种类型的表现形式中的虚拟使用是合理的，所有这些动物都是为了传达一系列定义个体的特征。在摩托车、汽车、夹克和 T 恤上描绘的鹰、狼和老虎的图案，或通过文身永久地印在身上的鹰的图案，都构成了个人的纹章。这些动物是人类的"他我"，通过隐晦或直接的方式表明与它们相关的人所拥有的相同特征，如勇敢、骄傲、具有力量、充满活力、独立。无须再赘言，其他人也会在集体符号库中找到这些标志，对其进行识别和解码。

这些动物是人类的"他我"，
通过隐晦或直接的方式
表明与它们相关的人所拥有的相同特征，
如勇敢、骄傲、具有力量、充满活力、独立。

GLOSSARY　词汇表 ■■■■■■■

中文	释义
公鸡占卜	在古罗马时期，人们通过观察公鸡的行为，来获得预兆进行占卜。
寓言	通过一种与其通常所代表的现实所不同的现实来进行表达的修辞手法。
动物主义	动物主义是要求人类赋予动物以权利的道德运动，也被称为"反物种主义"，因为这一思想意图克服物种隔阂，赋予动物生命权和非痛苦的权利。
人类中心主义	这种视角将人置于评估领域的中心，并认为人类是宇宙的"终点"。
人类学	从生物学（生理人类学）、文化（文化人类学）、社会和认知等角度研究人类的学科。
原型	原型是从心理分析中借用的术语，表示模型、符号、具有原始内容的图像。这些图像属于集体无意识，因此具有普遍性。
哈耳庇厄	哈耳庇厄，或称鹰身女妖，是一种残忍而暴躁的神话生物，具有动物和人类的元素，即其具有人类女性的头部和乳房，爪子和金属翅膀连接着鸟（秃鹫）的身体。这种生物被认为是能够造成人突然死亡的凶手。
脏卜	脏卜是伊特鲁里亚文明中古老的占卜形式：脏卜师检查动物的内脏，以获取有关未来的线索。
鸟卜	鸟卜是一种通过观察和诠释鸟的行为等来获得预兆的占卜行为。
蛇怪	蛇怪是传说中被赋予蛇这一形象的怪物，以致命的凝视和气息著称。这种怪物时而被认为具有公鸡头和龙尾的特征，时而被认为是带有鸡翅膀的蛇。传说这种怪物从青蛙孵化的鸡蛋中而来。作为邪恶的象征，这种生物在基督教中代表反基督的。
骆驼豹	骆驼豹是长颈鹿的古老名称，根据传说，它是由骆驼和豹子结合而诞生的一种动物。
卡特里派	卡特里派是一个源自中世纪的宗教派别，兴盛于 11 世纪到 13 世纪期间，自称是摩尼教善恶二元论的拥护者。

半人马	半人马是希腊神话中的人物，有马的臀、腿，以及人的躯干、手臂和头部。其身体的双重性象征着人的双重性，即兽性和神性的双重本质。
地狱犬	地狱犬是神话中的狗、冥府入口的守护者、厄喀德那和提丰之子。它的典型特征是有多颗头（通常是三颗）、龙尾和蛇头。
龟占	龟占是一种古老的占卜形式，通过诠释龟壳经灼烧形成的印记来获得预言。
喀迈拉	喀迈拉是希腊神话中的怪物，具有狮子的头和腿、山羊的身体，其背部还有山羊的头和蛇的尾巴，还能喷火。喀迈拉是厄喀德那和提丰的女儿。
部族	部族指根据神话般的祖先（氏族图腾）来认可彼此间的亲属关系，并认为自己是神话祖先的后代的人群。
宇宙学	宇宙学不仅表示研究宇宙结构的学科，还表示特定文化对世界的看法，以及对空间的感知和存在于其中的生命间的关系。
神秘动物学	作为一门学科，神秘动物学主张收集线索并提出关于尚未明确是否存在的动物的假设，例如尼斯湖水怪或喜马拉雅雪人。
占卜	占卜是通过对符号的解释来预测未来或破译诸神的意志的艺术。
龙	龙是传说中的奇异动物，是体型巨大、有翅膀、能喷火的爬行动物。龙在东方具有积极的内涵，体现着天神的力量，而在西方则具有负面的含义，代表恶魔的力量。
厄喀德那	厄喀德那是像毒蛇一般的怪物，是两条蛇尾与女人身体的结合体。厄喀德那是提丰的配偶，生出了巨大的地狱犬和女怪物喀迈拉。厄喀德那还与儿子双头犬俄耳托洛斯乱伦，生下了斯芬克斯。
恩浦萨	恩浦萨是希腊神话中在夜间吸血的吸血鬼，具有美丽的女性特征。它会吸吮爱上它的人的鲜血。
内婚制	内婚制是婚姻规则之一，规定人们只能在团体或村庄内寻找配偶。
外婚制	外婚制是婚姻规则之一，规定人们需在团体外或村庄外寻找配偶。
出神	出神指一种神秘的状态，即个体停止与周围刺激产生联系，并经历与他者的超自然维度的接触。

动物民族学	动物民族学是属于民族学的一门学科,研究各种文化对动物的分类。
行为学	行为学是对不同物种的动物行为的比较研究。人类行为学则是观察人类在各种环境和文化背景下的行为,以识别其先天模式。
法翁	法翁是田野和畜群的保护者。法翁的外形是毛茸茸的,有角、人身、山羊足、还有尖而可移动的耳朵。法翁是大自然的孕育能力的象征。看到法翁则会遭遇厄运。
凤凰	在埃塞俄比亚的传说中,凤凰是美丽的鸟。据说,凤凰每 500 年就会死亡,然后从灰烬中重生。因此,凤凰代表复活和永生。
系统发育	某物种在地球上出现以来的生物进化线。
精灵	在欧洲盛行的信仰中,精灵代表着灵魂,时而爱开玩笑,时而有些邪恶。
带有翅膀的复仇女神	在罗马神话中,地狱里代表复仇之心和愤怒情绪的女神。其人物形象是手和头发上长出了蛇。
戈尔贡	在希腊和罗马神话中,戈尔贡是一种女性怪物,是福尔库斯的三个女儿(墨杜萨、欧律阿勒和斯忒诺)的总称。她们的头发由蛇缠结组成,脸上露出野猪的牙齿,有金属的翅膀和手。最骇人之处是,无论谁与她们对视,都会被石化。
格里芬	格里芬又称狮鹫,是一种奇妙的动物,其身体结合了鹰和狮两种动物的特征,具有鹰的头和翅膀,兼有陆地动物狮子的力量和空中飞翔的雄鹰的力量,也是人性和神性的象征。格里芬通常是积极的象征,在基督教传统中,其作为太阳的象征,但一些学派认为格里芬是邪恶的代表。
图像学	图像学指通过艺术作品的图像表现来研究艺术史的学科。
九头蛇	九头蛇是希腊神话中的巨蛇,其头部一旦被切断就会自然地重生。它的气息对人来说是致命的,其血液有毒。它是恶习的象征——这些恶习破坏并腐蚀了所有事物,并且可以重生,就如同九头蛇即使被击败,头被割下来,它也会重生。
启蒙	启蒙指许多文化中存在的庆祝一个人的社会转型的仪式,例如从青少人到成年人,并公开认可他的新身份。

马头鱼尾怪	马头鱼尾怪来自海生硬骨鱼类（"海马"），是一种神话中的动物。这种动物具有马的头部和前肢，是海神波塞冬的坐骑。
利维坦	利维坦是一种神话中可怕的怪物，是混乱的助推器，沉睡在海洋深处。这是一种令人恐惧的，且人类不敢将其唤醒的怪物。根据腓尼基人和基督教徒的传统，利维坦可能短暂地吞下太阳（这会导致日食现象的出现），并吞噬在它面前的任何人。
蝎狮	蝎狮在古波斯语中的意思是"食人者"，其被形容为具有人脸、三排牙齿和蝎尾的四足怪兽。
通灵者	通灵者是具有超自然力量的人，能够通过媒介使活人与死者的灵魂进行交流。
变态	变态是将生物转化为不同性质的事物的神奇过程，例如将人转化为动物。
神话	神话是一种能够讲述一切存在之起源的传统故事，与宗教思想及其仪式和文化有关。
那伽	那伽在梵文中是"蛇"的意思。在印度神话中，那伽有人类的胸脯和蛇的躯体，生活在世界中心的须弥山下，象征从须弥山上流下的水，因此代表着宇宙的力量。
神谕	神谕指人通过询问超自然实体而获得的预言。获得神谕的过程通常以先知作为媒介。
俄耳甫斯教	俄耳甫斯教源自公元前 7 世纪至公元前 6 世纪，是古希腊的神秘宗教，其名字来自神话中的诗人俄耳甫斯。俄耳甫斯教的崇拜者相信灵魂会迁移。
潘神	潘神是希腊神话中的畜牧神，是自然之力的象征。其形象以山羊的角、胡须、高鼻梁、尾巴和足为特征。
神迹	神迹是被赋予预兆意义的特殊事件、非凡事件、占卜对象。
肩胛骨占卜	肩胛骨占卜是通过观察和解释被火灼烧的动物肩胛骨上的裂隙，进行占卜的骨占卜术。
萨满教	萨满教是一种神奇的宗教，在某些西伯利亚文化和北美文化中很典型，在其他文化中也发现了其不同结构的特征。例如以萨满巫

	师为中心的活动，萨满与灵魂之间的关系，出神的跃起，为社区祈福、造福，以及认可灵魂的存在（尤其是动物）。
语义学	语言学的一个分支，研究意义的结构，即作为内容体现的语言现象。
符号学	符号学是一门研究交流中使用的符号的学科。语义是符号学的一部分。
斯芬克斯	斯芬克斯(又译为斯芬克司)拥有狮子的身体、鸟的翅膀和人的头。在希腊传说中，它吞噬了那些无法解开其谜团的不幸者。
共生	共生是两种生物为了共同利益而结合在一起的一种生活形式。
美人鱼	美人鱼是女性神话人物，具有人类的躯干，下半部分为鱼体（根据更古老的传统，下半部分为鸟类）。人们相信美人鱼的歌声会使水手们深深着迷，令他们遇难。
刻板印象	特征选择上的简化和泛化过程产生了对某些事物或生命的偏见和固定印象。
斯多葛学派	斯多葛学派，也称斯多亚学派，是形成于公元前 3 世纪的斯多葛主义哲学学说，其创始人为希腊哲学家芝诺。其特征在于人们能够意识到世界和事件间的理性秩序，以及事件的存在，且这些存在独立于人的意愿。
禁忌	禁忌指的是被神圣包围的物体、行为或人提出的宗教禁令，通常指宗教或仪式方面的禁令。
道教	道教是由老子创立的中国古代哲学，其核心思想是"道"——所有对立面之间的宇宙秩序可以获得平衡的客观规律。
心灵感应	心灵感应是一种超自然现象，指两个人（其中一个也可以是动物）能够远距离地建立超感官层面的交流。借助类似"无线电报"的方法，接收方能够知道发送方的想法或反应。
动物象形	动物象形指赋予神明或神话传说以动物的特征。
提丰	提丰是希腊神话中半人半兽的怪物，具有翅膀、龙爪，以及被毒蛇环绕着的腹部和脚踝。在恐吓众神之后，它最终被宙斯击败。
图腾主义	图腾主义是具有一系列制度和信仰的某种宗教现象。在这种现象中，个人或社会群体与动物（图腾）之间的关系是十分重要的。

轮回	在一些宗教信仰的轮回转世观念中，灵魂在人死后会迁移到另一个身体（包括动物）。
骗术之神	骗术之神是印第安文化中的神话人物，通常被认为是土狼和野兔的化身（但也以其他动物的形式出现）。其属性是狡猾、善于欺骗、冷漠。这个神话人物负责持续创造现实，并帮助人类实现社会文明。
美男鱼特里同	美男鱼特里同是拥有人身、鱼尾的海洋神灵，由波塞冬和安菲特律特所生，具有先知美德，时而仁慈，时而残忍。
向性	向性是生物学的概念，指有机体响应外部刺激而运动的现象。
独角兽	独角兽是以马的身体为特征的神话动物，其额头上长着长角。
吸血鬼	根据斯拉夫人的信仰，吸血鬼是在特定时期的夜晚徘徊，寻找人类并吸血的已死之人。动物界存在着一种具有这种特征的动物，即生活在南美洲的蝙蝠。这种蝙蝠以其尖利而致命的门牙杀死并吸取哺乳动物的血而闻名。
变兽妄想症	变兽妄想症是人自以为变成动物的精神疾病。
动物人类学	动物人类学是研究人类与动物的关系的结构特征和类型的学科。
动物面相学	动物面相学是研究人与动物的外貌关系的学科。
动物恐惧症	动物恐惧症表现为人对某些动物感到十分恐惧。
动物不耐受症	动物不耐受症指向人对动物的不宽容和厌恶。
动物痴迷	动物痴迷指人类对动物的痴迷，视动物为唯一的兴趣来源。这个词与造物病现象有关。
动物占卜	动物占卜是人通过观察并解释动物的行为或在动物的特定身体部位发现特别迹象，来进行占卜。
造物病	造物病即叠加在动物身上的图像并不对应于现实，而是人类投射、期望、需求和恐惧的结果。
琐罗亚斯德教	琐罗亚斯德教也称玛兹达教，是由琐罗亚斯德在公元前 6 世纪左右于波斯创立的宗教体系。阿胡拉·玛兹达揭示了该宗教的基本要素是善与恶的对立。

NOTES 注释 ▬▬▬▬

1. 法国生理学家克劳德·伯纳德（1813—1878）的研究方向主要是消化机制、肝脏中糖分的积累过程，以及某些物质（例如箭毒）的药理作用。

2. 动物民族学研究的是在不同文化传统和不同人群中的人与动物的关系。动物历史学研究不同历史时期人与动物的关系。动物行为学通过批判动物拟人化来研究动物行为。

3. 在生物学中，"共生"指相互作用的两种生物的结合，这样的结合对两者都有好处，或对其中之一有利。互利互生代表了生物体间三种相互作用的形式之一。共生为两个种群带来优势的同时使其完全相互依赖。共生的其他两种形式是偏利共生和偏害共生（见 cfr. D. Mainardi, *Dizionario di etologia, Torino 1992*）。

4. Cfr. J.A. Serpell, *In the Company of Animals, New York 1996*.

5. 跨物种收养，即为其他物种提供父母照顾的行为。

6. 切萨雷·隆布罗索（1835—1909），精神病学家和人类学家，犯罪人类学的创始人。他认为通过面部特征有可能识别出罪犯。这一观点虽然遭到后人批评，但他的研究推动了犯罪学的发展。

7. 这些与一系列疾病的征兆有关，例如狂犬病毒从动物传播向人类。

8. 拉雷斯是古罗马时期的神明，首先是田野的保护者，其次也被认为是房屋和十字路口的保护者，经常以手拿皇冠的年轻身影出现在图像中。其图像被放置在住宅的中心位置，是家庭崇拜的对象。

9. 信息素是动物有机体分泌的、会被同一物种的个体接受的物质。其具体用途包括昆虫用信息素来吸引异性，在巢穴做标记，指明寻找食物的方向，等等。

10. 大脑的下丘脑区有许多功能。这些功能虽然无意识，但对维系动物的生命以及调节生物活动至关重要。

11. Cfr. P. Krachmalnicoff, *Magia degli animali, Milano, 1980*.

12. 阿尔德罗万迪是 16 世纪的博物学家，来自博洛尼亚。他在著述中描绘了一些仅存在于想象中的动物。

13. 这里指研究一些民间传统所描述的存在，但从未有正式分类的研究动物的学科。

14. Cfr. J.P. Digard, *L'homme et les animaux domestiques. Anthropologie d'une passion, Paris 1990*.

15. Cfr. R. Marchesini, *Oltre il muro, Padova 1996*.

16. 对这些微观技术工具的使用实例是蟑螂。人们可以将微型机器人嫁接到这些昆虫身上，并以很小的放电量来引导蟑螂的肌肉活动。这些配备微型相机的微型遥控机器人可以在房屋倒塌或地震后对瓦砾进行检查，以及进行间谍活动。

17. Cfr. B. Bettelheim, *Il mondo incantato, Milano 1992*.

18. 整体观是一种认识论理论。根据这一理论，我们在研究生物有机体时必须考虑其各部分之间多功能的相互关系，因为从整体上生物有机体被视为比其各部分的总和更多或更少的东西。

19. C.I. Salviati, Gli animali nella favolistica contemporanea per ragazzi: trasformazione di un genere, in Lo specchio oscuro, a cura di L. Battaglia, Torino 1993.

20. 格里芬本身结合了鹰爪和狮子的力量。斯芬克斯结合了女性的魅力、狮子的力量和鸟的翅膀。半人马则将人的智慧和马的力量合二为一。

21. J.C. Cooper, Dizionario degli animali mitologici e simbolici, Vicenza 1997.

22. Ibidem.

23. 从字面上看，轮回意味着"从一个身体到另一个身体的过程"，并且表明了许多宗教和哲学共同持有的信念，即死者的灵魂向各种形式的存在（如动物、植物和矿物）迁移，直至将自身从物质痕迹中解放出来。

24. Cfr. R. Girard, Il capro espiatorio, Milano 1987.

25. G. Calvia, "Animali e piante nella tradizione popolare sarda e specialmente del Logudoro", estratto da Il Folklore Italiano, anno II (1926), n. 2.

26. Cfr. V. Ostermann, La vita in Friuli. Usi, Costumi, Credenze Pregiudiz E Superstizioni Popolari, Udine 1940, pag. 202.

27. P.C. Gandi, Errori e pregiudizi sugli animali e sui vegetabili, Savigliano 1870, pag. 6-7.

28. O. Siliprandi, Pregiudizi e credenze del Popolo Reggiano sugli Animali, Reggio Emilia 1939, pag. 4.

29. 鸮鸮科猫头鹰的拉丁名"noctua"意为"夜鸟"。草鸮科猫头鹰的拉丁名"bubo"是拟声词，也是这种猫头鹰的叫声。草鸮科猫头鹰就像鸮鸮科猫头鹰一样被认为是坏兆头的象征，或预示着死亡将至。

30. "妖鸟斯提克斯只有在黄昏的时候，才从那些寂静的住所中出来，在月光下飞来飞去寻找食物，持续工作到黎明。" *(G. Gené, Dei pregiudizi popolari intorno agli animali, Torino 1869, pag. 112).*

31. 普林尼，《自然史》第 34 卷，*E.Giannarellli* 译，都灵，*1982.*

32. Ibidem, X.33.

33. P.C. Gandi, op. cit., pag. 59-60.

34. 所谓"有感知力的动物"指的是动物，而不是超自然现象的发出者。它们即具有能够"感知"超自然现象的能力的主体。

35. V. Ostermann, op. cit., pa. 199.

36. P.C. Gandi, op. cit., pag. 95.

37. E. Bozzano, Animali e manifestazioni supernormali, s.l., 1921, pag. 238.

38. D. Alighieri, Inferno, VI, 13-18.

39. 三岔路口在希腊神话中具有重大的象征意义，被认为是幽灵相遇的地方。因此，圣坛、石台或圣像和铭文都会被放置在此处，以达到传达宗教禁忌之目的。三岔路口也隐喻着生活之间的交流和死亡。人们也在三岔路口进行动物祭祀的活动。

40. L. Talamonti, Parapsicologia e misteri del mondo animale, Milano 1979, pag. 202.

41. Testimonianza raccolta in Friuli, a Mersino, nel 1949; cfr. L. D'Orlandi e N. Cantarutti, "Credenze sopravviventi in Friuli intorno agli esseri mitici", in *Ce fastu?*, XL, 1964, n. 1-6, pag. 22.

42. M.H. Vicaire, *Saint Dominique, la vie apostolique*, Paris 1966, cit. in J.-C. Schmitt, *Religione, folklore e società nell'Occidente medievale*, Roma-Bari 1988, pag. 127.

43. Testimonianza raccolta a Mersino; cfr. L. D'Orlandi, "*Stregoneria, malocchio, jettatura nelle tradizioni friu- lane"*, in *Ce fastu?*, XXVI, 1950, n. 1-6, pag. 51

44. D.G. Bernoni e V. Ostermann, *Le streghe nelle credenze popolari del Veneto e del Friuli*, Vittorio Venet 1980, pag. 27.

45. G. Gené, *op. cit.*, pag. 67.

46. Cfr. A. Marazzi, *La volpe di Inari e lo spirito giapponese*, Firenze 1990.

47. Cfr. B.H. Chamberlain, *Things Japanese: Being Notes on Various Subjects Connected with Japan for the Use of Travellers and Others*, London 1902.

48. Cfr. A. Marazzi, *op. cit.*

49. J. Chevalier e A. Gheerbrant, *Dizionario dei simboli*, Milano 1997, vol. I, pag. 51.

50. 柏拉图在《理想国》中提到的神话。

51. 这一定义来自列维 - 斯特劳斯。见列维 - 斯特劳斯的著作《血缘关系的基本结构》，米兰，1969 年，第 20 页。

52. 在传说中，皮提亚在得尔斐以阿波罗之名进行预言活动。皮提亚因与巨蟒皮同（即地狱之神。皮同代表可怕的地下力量，但其最终被阿波罗征服）有关而被命名为皮提亚。

53. 西塞罗的《论占卜》攻击了斯多葛的占卜学说，并从理性的角度进行了批判。事实上斯多葛派认为，如果众神对人类具有全知的能力和兴趣，那么他们便希望与人类分享这种知识。

54. Cit. in G. Luck, *Arcana mundi. Magia e occulto nel mondo greco e romano*, Milano 1999, vol. II, pag. 63.

55. 对古罗马人来说，只有不依赖人类意志的东西才能谈论神灵和未来。

56. Cfr. G. Devoto, *Le tavole di Gubbio*, Firenze 1977, pag. 29.

57. Plinio il Vecchio, *op. cit.*, X.30.

58. Cfr. Plauto, "*Asinaria"*, in *Le commedie di M. Accio Plauto* (trad. e note di N. E. Angelio), Venezia 1847.

59. Plinio il Vecchio, *op. cit.*, X.47.

60. *Ibidem*, X.49.

61. 这里指乌鸦食用腐烂物质。

62. Crf. I. Chirassi Colombo, "*La divinazione nell'antica Grecia"*, in *Abstracta Niso*, luglio-agosto 1990, pag.46-53.

63. Cfr. Voltaire, *Dizionario filosofico*, Milano 1970, pag.108-111.

64. Cfr. D. Adams e M. Carwardine, "*Incontrare un gorilla"*, in P. Cavalieri e P. Singer (a cura di), *Il Progetto Grande Scimmia. Eguaglianza oltre i confini della specie umana*, Roma-Napoli 1994, pag. 30.

65. Cfr. G.R. Cardona, *I sei lati del mondo. Linguaggio ed esperienza*, Roma-Bari 1988, pag. 91. Cfr. anche J. Chevalier e A. Gheerbrant, *op. cit.*, vol. I, pag. 329.

66. 在古罗马时代的亚平宁半岛（意大利半岛）上，对马西族人和萨宾族人来说，鸟卜也是他们的基本活动。西塞罗在《论占卜》中记录了古罗马帝国于公元前 51 年在西里西亚（即小亚细亚的所有地区）设置领事机构。当地文化也存在着通过分析鸟类的飞行和鸣叫来预判未来的习俗。

67. Cfr. G.R. Cardona, op. cit., pag. 91.

68. Ibidem.

69. Cfr. F.Bruemmer, "Ravens", in International Wildlife, n. 14, 1984, cit. in B. Heinrich, Corvi d'inverno, Padova 1992, pag. 283.

70. Ibidem, pag. 289.

71. Plinio il Vecchio, op. cit., X.124.

72. 英语单词 "ravenstone"（即乌鸦石）曾经表示 "执行之地"。

73. 指在马里（即古代属于美索不达米亚文明的城市，现属于叙利亚）发现的 32 种肝脏模型。

74. Cfr.J.Bottéro, "Sintomi, segni, scritture nell' antica Mesopotamia", in J.P. Vernant (a cura di), Divinazione e razionalità, Torino 1982, pag. 121.

75. 这种精心收集肠道状况和占卜事件之间的对应关系的占卜方式起源于美索不达米亚。现有的丰富的论述资料都展示了这一活动不仅考虑了实际观察到的情况，也考虑了很多与未来相关的可能性。

76. Ibidem, pag. 122-123.

77. Ibidem, pag. 172.

78. 脏卜产生于巴比伦和赫梯文明（在博阿兹柯伊发现的模型证实了这一点），由伊特鲁里亚人引入意大利并被古罗马人认识。

79. 意大利的民间传统甚至都在某种程度上吸纳了占卜知识。朱塞佩·卡尔维亚谈到撒丁岛的洛古多罗的传统时写道："有些牧羊人知道如果在氛围严肃的情况下杀死羔羊，那么就可以从羔羊的锁骨中读出有关自己或羊群的祝福。"在意大利的普利亚大区以及希腊，人们从鸡锁骨中提取出预言信息。

80. 1899 年，在中国安阳附近发现了商朝后期的龟卜文物。根据最保守的统计，其中包括约十万片有雕刻和文字的龟甲。

81. 汉语中 "卜"字正是代表了这种类似倒 T 形的龟壳裂缝。此外，汉语的 "文"在指代 "书写"这一含义之前，其意为 "绘画"，特指对龟壳上产生的裂缝的复制。

82. Cfr. G. Luck, op. cit., pag. 69.

83. 阿尔米多鲁斯是一位职业的解梦人。

84. 相关文献请参阅 cfr. E.R. Dodds, Parapsicologia nel mondo antico, Roma-Bari 1991; I. Chivassi Colombo, op. cit.; G. Luck, op. cit.

85. Cfr. G. Luck, op. cit., Milano 1999, vol. I, pag. 35.

86. 一些学者尝试从心理学的角度对萨满教进行分析。他们认为萨满的行为是一种精神病理学或神经病态征兆。根据这一主张，所有与病态相关的表现（包括精神失衡、癫痫发作、神经危机）都被模仿并构成传统的行为方式来传承。

87. 居住在西伯利亚地区贝加尔湖附近的布里亚特人，其萨满教派受到了佛教的影响。

88. 鹰在萨满教的传说中经常出现。鹰代表着萨满教，是第一个萨满巫师的创造者，因此，人们认为许多超自然力量的起源与鹰相关。

89. Cfr. A. Métraux, *Religioni e riti magici indiani nell'America meridionale*, Milano 1971, pag. 94-95.

90. "阿尔泰语系"包括一系列语言，如芬兰语、萨摩耶德语、萨米语、马加尔语、蒙古语、土耳其语。

91. 通古斯人居住在西伯利亚东部，其语言属于阿尔泰语系。通古斯族群中最大的一支是埃文基族（即鄂温克族）。

92. 拉普人的语言属于芬兰语族，拉普人如今居住在挪威、瑞典、芬兰和俄罗斯。

93. M. Eliade, *Lo sciamanismo e le tecniche dell'estasi*, Roma 1999, pag. 115.

94. 吉尔吉斯人主要分布在吉尔吉斯斯坦。

95. Cfr. J. Castagné, "Magie et exorcisme chez les Kazak-Kirghizes et autres peuples turcs orientaux", in *Revue des Etudes islamiques*, 1930, pag. 53-151; pag. 93, cit. in M. Eliade, *op.cit.*, pag. 119.

96. 除了神话中的动物外，神灵、萨满祖先的灵魂、自然物体和宇宙元素也是萨满获得力量的来源。

97. 萨满能借助动物进行出神之旅，这并不代表普通人与其动物守护神之间也具有这种关系。

98. 即使在今天，雅库特人也组织纪念鹰的节日活动。在活动期间，人们会高举有鹰的形象的圣坛画。

99. M.M. Balzer, "Flights of the Sacred. Symbolism and Theory in Siberian Shamanism", in *American Anthropologist*, vol. 98, n. 2 (1996), pag. 306.

100. Cfr. D. Rockwell: *Giving voice to bear. North American Indian Myths, Rituals, and Images of the Bear*, Colorado 1991, pag. 35-36.

101. 关于因纽特人，另请参阅莱维 - 布吕尔记录的内容："杀死北极熊时，人们会将自己喜爱的工具赠予北极熊。如果是杀死了雌性北极熊，人们会将女式刀具和针头等赠予雌性北极熊。当然，我们也有一些北极熊不喜欢的习俗和习惯，因此当死熊的灵魂在猎人的屋子里时，我们要格外小心并尽量远离。换句话说，北极熊被视为尊贵的客人。如果北极熊在某个人的家里受到适当的对待，并且收到了优质的器皿、工具等，就会在返回其生活之地时告知其他北极熊，其他北极熊知晓后会希望被自己信任的人杀死。"（见莱维 - 布吕尔《超自然与原始思想中的自然》，罗马，1973 年，第 117 页）

102. 参阅詹姆斯·弗雷泽于 1999 年在罗马出版的《金枝》。这部作品提出："如果我们分析魔法的依据，我们可能只会发现两种依据：第一种是现象会引发与之类似的现象，即结果与原因相似；第二种是曾经相互接触的事物即使在物理接触中断的情况下，在一定距离内仍会相互作用。第一种依据可以被定义为相似性定律，第二种则可被定义为接触或传染定律（第 32 页）。"弗雷泽清晰地表达了当时的进化方式："在野蛮人所观察到的禁忌中，出现次数最多也是最重要的问题是饮食禁忌，其中许多是相似性定律构成的一种禁忌，也是'负面魔法'的一个例子。正如人类食用各种动植物以获得自己期望的某些特质一样，野蛮人也会避免进食某些动物，以免感染某些动物的负面特质。在前一种情况下，人类认为动植物具有积极的魔力；在后一种情况下，人类认为动植物具有负面的魔力（第 43 页）。"

103. 一些萨满，例如特林吉特部落的萨满认为灰熊的精神过于强大和危险，他们甚至害怕将其作为辅助性动物，担心它们无法被控制。库特奈的印第安人将灰熊称为"真正的熊"，以区别于具有强大的辅助精神的棕熊。

104. 列维 - 斯特劳斯认为："图腾与守护神之间的关系是隐含的，后者以直接接触为前提，这种接触是个体孤独追寻的最高标准。"（*Il totemismo oggi, Milano 1991, pag. 30*）这一主张与神话所表达的理论不谋而合，它使我们将集体图腾与个体守护神分开，并坚持视图腾为人与同名氏族之间的关系中介和隐喻特征。

105. 这些古代的雕塑艺术作品目前有大量作品通过互联网被出售到世界各地。

106. 氏族是指一群从神话祖先那里继承血统，并认同共同血统的人群。

107. 这也适用于图腾的血统，也可以是父系的血统。

108. 这里并不是要在相距甚远，并常在不同环境中响应不同文化需求的现象之间建立同源性。相反，我们的意图是强调人类普遍的倾向，即将特定的权利赋予动物，与动物建立某种神秘的关系，并根据动物对博爱、仁爱、保护和情感的期望进行预测。

109. Cfr. A.Testart，"Totem"，in Enciclopedia Einaudi, Torino 1981, vol. 14, pag. 388-413. Cfr. anche J.Frazer, op. cit., pag. 755.

110. Cfr. R.A.Brightman, Grateful Prey: Rock Cree Human-Animal Relationship, Berkeley, 1993.

111. 在美洲原住民的神话体系中，雷鸟是一种代表伟大精神的传奇生物；雷鸟也是风和云的象征，常以巨鹰的形象出现。

112. C. Lévi-Strauss, Il pensiero selvaggio, Milano 1971, pag. 51-52

113. H.Hediger, Studies of the Psychology and Behaviour of Captive Animals in Zoos and Circus, trad. dal tedesco,London 1955, pag. 138, cit. in C. Lévi-Strauss, ibidem, pag. 51.

114. 在这些可能的交互作用中，我们不考虑与野生动物的"虚假"接触以及动物与自然环境分离的情况，例如在动物园中。